世界科普巨匠经典译丛 · 第一辑

INTERESTING
GEOMETRY

趣味

几何学

（苏）别莱利曼 / 著　　李爱军 / 译

U0395603

上海科学普及出版社

图书在版编目（CIP）数据

趣味几何学 / (苏) 别莱利曼著；李爱军译 . – 上海：上海科学普及出版社，2013.10（2022.6 重印）

（世界科普巨匠经典译丛·第一辑）

ISBN 978-7-5427-5827-9

Ⅰ . ①趣… Ⅱ . ①别… ②李… Ⅲ . ①几何学—普及读物 Ⅳ . ① O18-49

中国版本图书馆 CIP 数据核字 (2013) 第 173926 号

责任编辑：李　蕾

世界科普巨匠经典译丛·第一辑

趣味几何学

(苏) 别莱利曼　著　李爱军　译

上海科学普及出版社出版发行

（上海中山北路 832 号 邮编 200070）

http://www.pspsh.com

各地新华书店经销　三河市华晨印务有限公司印刷

开本 787×1092　1/12　印张 20.5　字数 248 000

2013 年 10 月第 1 版　2022 年 6 月第 3 次印刷

ISBN 978-7-5427-5827-9　定价：39.80 元

目录 CONTENTS

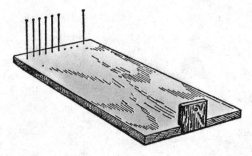

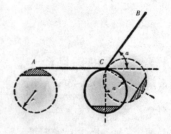

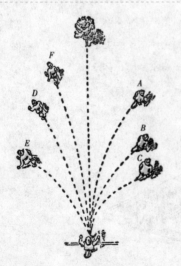

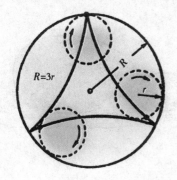

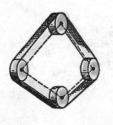
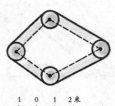

1 0 1 2米

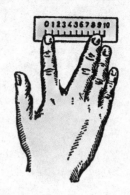

第 12 章 几何经济学

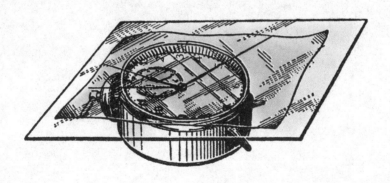

第 1 章

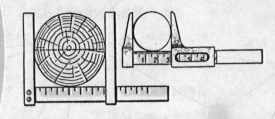

大森林中的几何学

1.1 用阴影长度测量物体高度

　　小时候发生的一件事令我惊讶万分，直到现在还能回忆起当时的情形。那时，我看见一位看守林园的老人站在一棵松树旁，手里拿着一个小巧的仪器，正在测量松树的高度。老人透过仪器朝树梢瞄了一眼，我猜想接着他可能会带着链尺爬到树上去测量。没想到，老人不但没有去爬树，而且把仪器收起来，告诉大家测量结束了。

　　当时我还是一个小孩儿，觉得这种不用砍树，也不用爬树的测量方法很神奇，就像魔术一样高深莫测。后来，当我知道了几何学的基本原理后，才知道这种测量方法很简单。而且，利用简单的仪器或者徒手测量的方法多种多样。

　　既古老又简单的方法，就是公元前6世纪古希腊的哲学家泰勒斯测量埃及金字塔所用的方法，借助了金字塔的影子。当时，法老和祭司们聚集在最高的金字塔下面，看着眼前这位想要测量宏伟建筑高度的客人。据说，泰勒斯选择了一个时间来测量金字塔的高度——当他的身影的长度和身高相等时。因为这时金字塔的阴影长度①也和它的实际高度相等，这就是类比的方法。

　　现在，我们会觉得古希腊哲学家的智慧也不过如此，他解决问题的方法连小孩子都知道。不过，大家不要忘记，我们是站在几何学的角度看待这个问题的，而几何学是泰勒斯之后的无数先人的智慧结晶凝聚而成的。希腊数学家欧几里德生活在距离泰勒斯很久之后的时代，他撰写了一部很好的书，之后的两千年，人们就是通过这本书来学习几何学的。虽然今天的每个中学生都熟知这本书中的原理，但是泰勒斯的时代还没有这些原理，他能够借助阴影测量金字塔的高度，必然知道三角形的一些特征，下面我们来说两个特性（第一个特性就是泰勒斯发现的）：

---

　　①阴影的长度是从金字塔的方形底座中心点计算，金字塔底座的宽度可以通过直接测量获得。

（1）等腰三角形的腰所对的两个角相等；反过来说也成立，那就是有两个角相等的三角形是等腰三角形。

（2）任意三角形的内角和等于180°。

由于掌握了这些知识，泰勒斯才得出，当他的身影长度等于身高时，太阳光以45°投射到地面上，由此可以得知，金字塔顶点、塔底中心点和塔影端点构成一个等腰三角形，塔影的长度和金字塔顶点到塔底中心点的线（也就是金字塔的高度）是三角形的两个腰。

在充满阳光的日子里，用这个简单的方法可以测量出独立的树木高度。不过，在高纬度地带，不会那么容易出现合适的机会。因为在那些地方，太阳总是低垂在地平线上，只有夏季的正午时分，物体的影子长度才和高度相等。因此，泰勒斯的测量方法有一定的局限性。

然而，在有阳光的日子里，只要把上面的方法稍作改动，就可以测量出任何物体的高度。当然，除了测量物体影子的长度，还需要知道自己的身影和身高或者竹竿的高度和影子长度，根据它们的比例，求出物体的高度（图1-1）：

$$AB : ab = BC : bc,$$

也就是说，树影的长度是你的影子长度的几倍，树的高度就是你的身高的几倍。当然，这个结果是根据三角形 ABC 和 abc 相似的几何原理得来的。

有的人也许会说，这么简单的方法不用从几何学中找依据。离开了几何学，人们就不知道树高几倍，树影就长几倍吗？不过，事实并没有这么简单。如果把这条规律用到路灯的投影上，这条准则就不适用了。从（图1-2）中可以看到，

图1-1 根据树的阴影测量它的高度

图1-2 这种测量方法在什么情况下不适用

AB 的高度大约是 ab 高度的 2 倍，但影子的长度 BC 是 bc 的 7 倍。没有几何学，你要怎么解释这种现象？为什么相同的方法会出现不同的结果？

我们仔细想一想，这两者之间有什么区别。主要的问题是，太阳光线是平行的，而路灯的光线则是不平行的。后者的说法明显是对的，但怎样才可以确定太阳的光线是平行的呢？

我们之所以说太阳照射到地球上的光线是平行的，那是因为光线之间的角度小得可以忽略，只要用一个简单的几何学计算就可以证明。假设从太阳的某一点射出两道光线，落到地球表面的两个点上，两点之间的距离我们设定为 1 千米。以太阳上射出光线的那一点为圆心，太阳到地球的距离（150 000 000 千米）为半径画一个圆，那么两道光线的圆弧长度是 1 千米。这个圆的周长是 $2\pi \times 150\,000\,000$ 千米＝ $940\,000\,000$ 千米。这个圆上的每 1° 的弧长是圆周的 $\frac{1}{360}$，大约是 $2\,600\,000$ 千米；1 弧分是 1 弧度的 $\frac{1}{60}$，即 $43\,000$ 千米；而 1 弧秒则是 1 弧分的 $\frac{1}{60}$，即 720 千米。我们假设的圆弧长度是 1 千米，对应的角度应该是 $\frac{1}{720}$ 秒。最精密的天文仪器也无法测量出如此微小的角度，所以在实践中可以省略不计，我们认为到达地球上的太阳光线是平行的直线[①]。

如果不清楚这些几何知识，利用阴影测量高度的方法就没有了理论依据。

当你把影子测量法应用到实践中的时候，就会发现这个方法不一定总是可靠。因为阴影尽头的界限不是十分明确，测量的长度不可能准确无误。太阳光投下的每一道阴影，尽头的轮廓都模糊不清，颜色暗淡，这就导致阴影的界限难以确定。为什么会这样呢？因为太阳不是一个点，而是一个巨大的发光体，可以从无数的点上发射出光线。从图 1-3 中可以看出，树影 BC 后面还有一段模糊的影子 CD。点 C 和点 D 与树顶 A 之间形成的角度 CAD，跟我们看太阳

---

①太阳投射到地球直径两端的光线角度较大，可以测量出来，约为 17 秒，这个角度的确定可以让人们更好的测定地球和太阳之间的距离。

圆面所形成的夹角相等，即半度。由于阴影的不确定所造成的误差，即使是在太阳高挂在空中时，也可能是5°或者更大。这个误差再加上地面不平及其他难以克服的误差，使得测量的结果不够准确。例如，这个测量方法不能用在高低不平的山地上。

图1-3 半影是如何形成的

1.2 两个更简便的测量方法

测量高度完全可以不必借助阴影的帮助，这样的方法有很多，在这里介绍两种简便易行的方法。

第一种方法，用一块小木板和三枚大头针制作出一个小仪器，用这个小仪器就能运用等边三角形的特性了。

找一块小木板，找出它比较光滑的一面，在上面画出等腰三角形的三个顶点。再在这三个顶点上分别钉上大头针（图1-4），如果你手边没有可以画出直角的绘图工具也没关系，只要把一张纸对折一次，然后沿着第一次折弯处再对折一次，这样第一次折叠的两部分就重合了，你就得到一个直角。这样的仪器容易制作，就算你在野外也能制作出来。

这个小仪器使用起来也很简便，首先，手拿着仪器，在距离被测大树不远处，将三角形的一条直角边呈垂直状态，把一根细线系在直角边上端的大头针上，并让它垂直向下，在细线下端系上一个小重物，接着你就往大树的方向或远离大树的方向

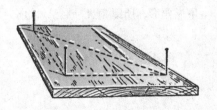

图1-4 大头针测高仪

挪动脚步，最后找到点 A（图 1-5），从这个点出发，透过大头针 a 和 c 往树顶方向望去，你会发现这时树顶 C 已经被两枚大头针遮盖住了。这就说明树顶 C 在直角三角形的斜边（弦）ac 的延长线上，也就是说，角 $a = 45°$，aB 间的距离与 CB 间的距离是相等的。

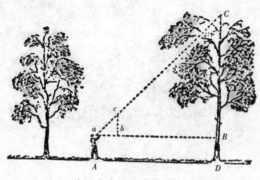

图 1-5 利用大头针测高仪进行测量

可以看出，只要有 aB 或 AD 的距离（地面上仪器与树的距离），再加上 BD 的距离，（你的眼睛和地面之间的距离），那么树的高度就能轻松地计算出来了。

还有一个比上述方法更简便的方法，这个方法连大头针测高仪都不用。只要选好位置（图 1-6），把一根长木杆垂直插进地面，

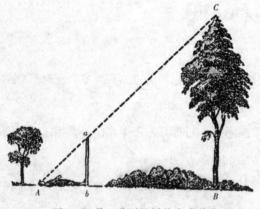

图 1-6 另一种测量树的高度的方法

让它露出与你身高相等的高度[①]，然后你面朝上躺在地上，眼睛看向树顶，你会发现，树顶和木杆的顶端是在同一条直线上的，因为三角形 Aba 是等腰直角三角形，所以角 $A = 45°$，所以 $AB = BC$，也就是树的高度。

---

①准确地说，长木杆留在地面上的高度应该是你站立时，眼睛离地面的高度。

6

1.3 看儒勒·凡尔纳怎样测高

儒勒·凡尔纳在著名小说《神秘岛》中描写了一种测量高大物体高度的更为简便的方法。内容如下：

工程师说："今天我们去测量眺望岗的高度。"

哈伯特问："要拿什么工具？"

工程师说："不要拿工具，我们有一种更简便准确的好方法。"

哈伯特很想知道那是什么方法，于是赶紧跟着工程师向岸边走去。

工程师拿了一根笔直的木杆，约12英尺长，然后拿着木杆和自己的身高认真地比量了一下，以求更为准确。哈伯特在旁边拿着一条绳头上系着小石头的绳子。

工程师走到离花岗岩壁500英尺的地方，把木杆插进土里2英尺并固定好，又用系着绳头的小石头调整好木杆的垂直度。

然后工程师在离木杆一段距离的地方仰面躺在地上，眼睛看到木杆的顶端和峭壁的边缘在同一条直线上（图1-7），然后在躺下的地方做好标记。

工程师问哈伯特："你对几何学的基本常识都了解吗？"

"是的。"

工程师接着说："那相似三角形的特性了解吗？"

"相似三角形的对应边是成比例的。"

图1-7 《神秘岛》中的主人公正在测量眺望岗的高度

工程师点点头说："没错。我现在做的就是两个相似直角三角形，木杆是小三角形的一边，我躺下时眼睛的位置，瞧，我已经做好标记了，它到杆脚的距离就是另一边，我看向眺望岗的视线就是弦，同时它也是大三角形的弦，而大三角形的两边则是我们要测量高度的眺望岗的哨壁和我做好标记的地方到岩壁脚的距离。"

哈伯特这才恍然大悟："哦！你做的标记处到木杆的距离和它到岩壁角的距离的比例与木杆高度和岩壁高度的比例是一样的。"

工程师说："是的，所以只要把标记处到木杆的距离和它到岩壁角的距离测量出来即可，木杆的高度我们已经知道，现在就能通过比例算式计算出岩壁的高度了。"

经过测量，两个距离分别为 15 英尺和 500 英尺。然后工程师开始计算：

$$15 : 500 = 10^① : x,$$

$$500 \times 10 = 5\ 000,$$

$$5\ 000 \div 15 = 333.3。$$

经过计算得出眺望岩的高度约为 333 英尺。

1.4 侦察兵测高有什么高招？

刚才介绍的几种测高方法有一个共同的缺点，就是需要人躺在地上。其实就算人不躺在地上也可以测量。

卫国战争的前线上，中尉诺曼约克的分队奉命在山涧上建造一座桥。但山涧的对岸已被敌军占领，诺曼约克派出侦察小组去侦察建桥的地点，侦察小组在树林中对一批很常见的树的直径和高度进行了测量，并计算出了架桥需要的树木数量。

---

①前面提到木杆长 12 英尺，减去埋入土内的 2 英尺，就是木杆在地面以上的高度，为 10 英尺。

侦察兵测量树高只是借助了一根木杆的帮助，方法如下：

他们拿一根高出自己身高一段距离的木杆，在离树木不远处把它垂直插进土里，再顺着图中 Dd 两点的沿长线后退至 A 点，面朝树尖，从 a 点可以看到木杆的顶端 b 和树尖在同一直线上，然后头部姿势保持不变，

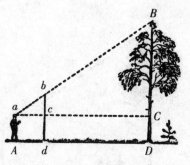

图 1-8 用木杆测量高度

眼睛向水平直线 aC 的方向望去，并在木杆和树上分别标记上 c 点和 C 点（如图 1-8）。

下面就可以根据三角形 abc 和 aBC 的相似关系开始计算了，列出如下比例式：

$$BC : bc = aC : ac,$$

得出：
$$BC = bc \times \left(\frac{aC}{ac}\right) 。$$

bc、aC、CD 和 ac 的距离可以直接测量出来，只要把计算出来的 BC 值加上 CD 的距离就是树的高度了。

接着，侦察兵们又用相应的计算方法计算出这片树林的树木数量，根据这些数据，诺曼约克很轻松地确定了架桥的地点和桥的样式，桥如期建好，战斗任务圆满完成。

1.5 用笔记本轻松测高

有一个测高的方法非常简便，只需拿一个笔记本，在笔记本边缘插根铅笔即可，这样它本身就能创造一个三角形。把笔记本举在眼前，使有铅笔的一端朝向大树，然后调整铅笔的高度，直到从 a 点向树尖望去时能看到笔尖 b 和树尖 B 在同一条直线上为止（如图 1-9）。

于是三角形 abc 和三角形 aBC 是相似三角形，列出比例式：

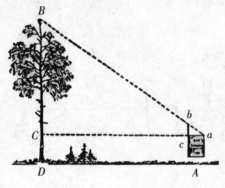

图1-9 用笔记本进行测量

$$BC : bc = aC : ac。$$

其中，bc、aC、ac、CD 的距离可以直接测量，算出的 BC 值与 CD 的长度相加就是大树的高度。

笔记本的宽度不变，如果你站在离树同样的距离，那么树的高度就取决于你把铅笔推出来的距离，就是 bc，所以你可以把铅笔被推出不同距离对应的树的高度在铅笔杆上做好记录，那么以后你无需计算就能轻松测出物体的高度了。

不靠近大树同样轻松测高

有时候，因为种种原因无法走到被测大树下进行测量，那就需要自己动手制作一个小仪器，让它帮忙了。

把两条木杆如图1-10中所示固定在一起，并使 ab 等于 bc，ab 是 bd 的2倍，仪器就制作好了。进行测量时，双手端着它，从点 a 朝 c 端望去，看见它与树顶 B 在同一条直线上，站立的地方就是 A。再使仪器 d 端向上，用同样的方法找到点 A'，从 a' 点向 d' 点望去，看到 d' 与 B 在同一直线上。最重要的工作就是找到 A 点和 A' 点①，因为 aa' 和 AA' 的距离相等，从而列出算式：

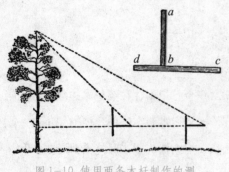

图1-10 使用两条木杆制作的测

---

① A 和 A′ 两点一定要和树的底部在同一条直线上。

$$aC = BC, a^1C = 2BC,$$

所以得出，$a^1C - aC = BC$。

这种测量方法使人不必走到大树下就能测量出树的高度。如果没有木杆，也可以找一块木板，按图 10 中所示，在对应的地方标出 a、b、c、d 四点就可以进行测量了。

1.7 森林工作者的测高妙法

林业人员在实际工作中使用什么仪器测高呢？在这里，我们只介绍一种，为了方便自制，可以对它稍加改动。用硬纸板做一个正方形，在四个角标明 $abcd$。测量时，把这块纸板拿在手上，沿着 ab 边往树顶 B 点望去，调整纸板的位置，使 ab 边与树顶 B 点在同一条直线上。在 b 点处系一条系有小重物 q 的绳子，绳子垂下时与 dc 边有一个交叉点 n，所以，三角形 bBC 与三角形 bnc 是相似直角三角形，角 bBC 和角 bnc 是相等的，从而可列出下列比例式：

$$BC : nc = bC : bc$$

可以得出，

$$BC = bC \times \frac{nc}{bc}。$$

由于 bC、nc、bc 和 CD（仪器 b 点距离地面的高度）的长度都可以直接测量出来，所以只要用 CD 的长度加上计算得出的 BC 长度就是树的高度了。

如果把纸板的 bc 边做成 10 厘米长并在 dc 边上标出厘米刻度，那么 $\frac{nc}{bc}$ 的比例可以用十分之几来表示，这就能直接

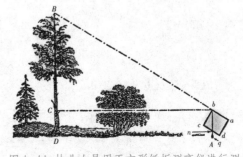
图 1-11 林业人员用正方形纸板测高仪进行测量

11

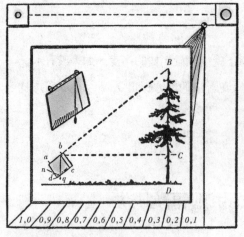

图 1-12 用打孔的测高仪测量

看出树的高度 BC 占 bC 的十分之几，例如下垂的绳子落到 7 厘米的刻度处，也就是说 $nc = 7$ 厘米，从而就可以知道树木处在眼睛水平高度以上的距离 BC 是测量者距离树干距离 bC 的 7/10。

另外，还可以在方纸板的上角折出两个正方形，在两个正方形上各穿一大一小两个孔，小的放在眼前，大的用来观测树尖（图 1-12）。

这种测高仪更为完善，携带也更方便，让你在户外可以快速测量出大树、电杆、建筑物等的高度。（该仪器是本书作者研制的"户外几何学"成套工具之一。）

一棵无法靠近的大树，用刚才介绍的测高仪可以进行测量吗？如果能，该怎样测量？

如图 1-13 所示，把仪器的 A 点和 A' 点对准树顶 B，假设在 A 点测出 BC 长度 $= \frac{9}{10} AC$，那么在 A' 点，$BC = \frac{4}{10} A'C$，从而可以列出算式：

$$AC = \frac{10BC}{9} , \quad A'C = \frac{10BC}{4} ,$$

可以得出 $AA' = A'C - AC = \frac{10}{4} BC - \frac{10}{9} BC = \frac{25}{18} BC$。

所以 $AA' = \frac{25}{18} BC$，

则 $BC = \frac{18}{25} AA' = 0.72 \ AA'$。

由上题可以看出，要测量无法靠近的树，只要测量出两个观测点 AA' 的距离，就可以按比例算出树的高度了。

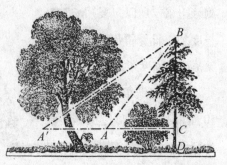

图 1-13 测量无法靠近的树

1.8 镜子也能轻松测高

利用镜子对视线的反射也能对树高进行测量。把一面镜子平放在距离大树不远处的平地 C 点上（图1-14），然后面对着镜子向后退，直到在镜中看到树尖 A 为止，这个站立点就是 D 点，观测者的眼睛就是 E 点。这时，BC 和 CD 的比例与 AB 和 ED 的比例是一样的。这是为什么呢？

图1-14 借助镜子对视线的反射进行测量。

如图1-15所示，树顶 A 点在 A' 上反射出来，所以 $AB = A'B$，三角形 BCA 和三角形 CED 是相似三角形。

可以得出：$A'B : ED = BC : CD$，

由于 $A'B$ 和 AB 相等，所以只要得出 $A'B$ 的值就可以了。

这个方法非常简便，但只能用于测量独立的大树，要测量密林中的某一棵树，这种方法就不适用了。

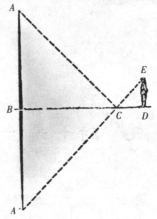

图1-15 镜子折射光线的几何示意图

题 怎样运用镜子测高法测量无法靠近的大树?

解 中世纪的数学家安东尼·德·克雷莫纳在他的著作《土地的实用测量》中研究过这个题目,想要测量无法靠近的大树,就要两次运用镜子测量法,把镜子放在两个地方进行测量,这样就能根据两个相似三角的关系推算出,树高是眼部高度乘以镜子两次位置之间的距离再除以观测者和镜子间距离的差。

1.9 一大一小两棵树

题 如图 1-16 所示,两棵树之间距离为 40 米,大树有 31 米高,小树只有 6 米高。怎样计算出两棵树树梢间的距离?

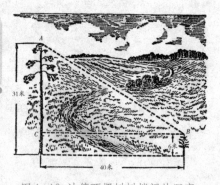

图 1-16 计算两棵树树梢间的距离

解 根据勾股定理可得,两棵树树梢间距离为:

$$\sqrt{40^2+25^2} \approx 47 \text{ 米}。$$

1.10 树干是什么形状

到现在为止,你已经掌握六七种测量大树高度的方法了,或许你现在又对测量大树的体积产生兴趣了,再顺便算出大树的重量,想知道用一辆卡车能不能把这样的一棵树运走。这两个算题可比测量树的高度难度大多了,到目前为止,

专家们也没有精确解法，只能求出近似值而已。就算在你面前有一棵被伐倒的树，树皮也被剥光了，想要计算出它的体积和重量的精确值也是很不容易的事。

这是因为树干毕竟不是圆柱体、圆锥体或圆台体，不是可以根据公式计算出体积的几何体，所以就算它被剥得再干净平整也是一样。树干越往树尖就越细，所以它不是圆柱体，也不算是圆锥体，因为它的"生成线"是条曲线而不是直线，它也不是圆弧，而是一种向树干中轴凸起的曲线①。

所以，要用积分法才能计算出树干的体积。你可能会对此感到不解，测量一根普通的圆木就要用高等数学来计算？许多人认为，高等数学只和一些非常复杂的事物有关，在日常生活中是用不到的，只用初等数学就足够了。这种想法是错的，恒星和行星的体积可以用初等数学精确计算出来，而一棵树的树干或啤酒瓶的体积则要用到高等数学的知识。

但本书并不是要向你介绍高等数学，所以这里只要能计算出树干的近似值即可。树干的体积和一个圆台体的体积接近；或者，带有树梢的树干和一个圆锥的体积更接近；而一段短短的树干体积和一个圆柱体体积更接近。这几种物体的体积很容易就可以计算出来。为了计算更方便，有没有一种计算体积的公式对这几种几何体都适用呢？那么树干更像圆柱体、圆锥体还是圆台体就都不必在乎了，只要把树干体积的近似值计算出来就可以了。

1.11 万能公式的应用

这种万能公式是存在的，它适用于圆柱体、圆锥体和圆台体甚至任何类型的棱柱体、棱锥体和棱台体，包括球体，这个公式就是著名的数学公式，辛普

---

①这种曲线和"立体抛物线"（$y^3 = ax^2$）更为接近，这样的抛物线旋转产生的物体形状被称为聂尔氏体（古代数学家聂尔发现确定了此类曲线弧长的方法，故以他的名字命名）。林木的树干形状接近聂尔氏体，要运用高等数学来计算聂尔氏体的体积。

森公式：

$$V = \frac{h}{6}(b_1 + 4b_2 + b_3),$$

公式中：h 是立体的高度，b_1 是下底的面积，b_2 是中部的截面积，b_3 是上底的面积。

 证明上述公式确实可以计算出棱柱体、棱锥体、棱台体、圆柱体、圆锥体、圆台体和球体这七种几何体的体积。

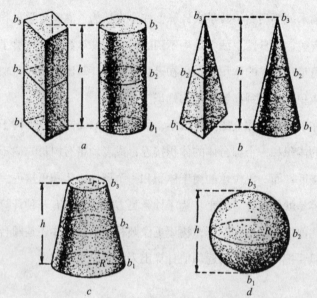

图 1-17 用一个公式计算出几种几何体的体积

如图 1-17 所示，只要在上述几种几何体的体积运算中运用该公式，就能证明该公式的正确性了。

如图 1-17（a）所示，在棱柱体和圆柱体中运用可以得出：

$$V = \frac{h}{6}(b_1 + 4b_2 + b_3) = b_1 h,$$

如图 1-17（b）所示，在棱锥体和圆锥体中运用可以得出：

$$V = \frac{h}{6}\left(b_1 + 4 \times \frac{b_1}{4} + 0\right) = \frac{b_1 h}{3},$$

如图 1-17（c）所示，在圆台体中运用可以得出：

$$V = \frac{h}{6} \left[\pi R^2 + 4\pi \left(\frac{R+r}{2} \right)^2 + \pi r^2 \right]$$

$$= \frac{h}{6} \left[\pi R^2 + \pi R^2 + 2\pi Rr + \pi r^2 + \pi r^2 \right]$$

$$= \frac{\pi h}{3} \left[R^2 + Rr + r^2 \right]$$

如图 1-17（d）所示，应用于球体，与截锥体的证明方法类似，得出：

$$V = \frac{2R}{6} (0 + 4\pi R^2 + 0) = \frac{4}{3} \pi R^3$$

这个万能公式有一个很有趣的特点，就是它还能计算平面图形的面积，如平形四边形、梯形、三角形。

其中：h 是图形的高度，b_1 是下底的长度，b_2 是中间线的长度，b_3 是上底的长度。

那么，应该怎样证明呢？

如图 1-18 所示，把公式运用到计算中。

如图 1-18（a）所示，在平形四边形中运用公式可以得出它的面积为：

$$S = \frac{h}{6} (b_1 + 4b_2 + b_3) = b_1 h$$

如图 1-18（b）所示，在梯形中运用公式可以得出它的面积为：

$$S = \frac{h}{6} \left(b_1 + 4 \times \frac{b_1+b_3}{2} + b_3 \right) = \frac{h}{2} (b_1 + b_3)$$

如图 1-18（c）所示，在三角形中运用公式可以得出它的面积为：

$$S = \frac{h}{6} \left(b_1 + 4 \times \frac{b_1}{2} + 0 \right) = \frac{b_1 h}{2}。$$

这样看来，这个公式的确是万能公式。

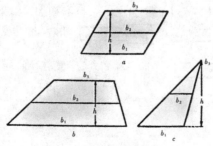

图 1-18 用万能公式计算这些图形的面积

1.12 计算未伐树木的体积和重量的方法

你已经了解了如何计算被伐倒的树木体积的万能公式，用这个公式可以计算出圆柱体、圆锥体、圆台体的体积。所以，就要测出四个数值：树干的长度、上下截面和中部截面的面积。上下截面的面积很容易测量出来，但想要测量中间截面的面积就不简单了，没有专用工具（林业人员用的"量径尺"，见图1-19，图1-20[①]）就更不方便了，但这个问题是可以解决的。你可以用根绳子量出树干的周长，用它除以 $3\frac{1}{7}$，就能计算出树干的直径了。

这时，被伐树木的体积计算出来的结果就已经比较准确，可以满足一般的应用要求了。

图1-19 用量径尺测量出树的直径

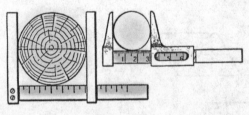

图1-20 左为量径尺，右为千分尺

简单地说，如果计算树干体积和计算圆柱体体积的方法一样，以圆柱体底部直径代替树干中部直径，那么这样计算出来的结果就不会准确，或许会比实际的结果大12%。但我们如果把它想象成两米的几段，再把每段酷似圆柱体的树干体积计算出来，然后把它们相加，结果就是整根树干的体积了，这样计算出来的结果比较精确，与实际数值的误差小于2%～3%。

①类似的仪器还有千分尺，也是用来测量的仪器，见图1-20（右）。

但刚才所说的方法对于未伐树木并不适用，假如你无法爬到树上，可以测量一下树下部的直径，在这样的情形下，能有一个近似值来测量树的体积就足够让人欣喜了。专业人员也只能做到这种程度，他们会利用"材积系数表"，表中数字指示，你量出齐胸高度，也就是130厘米的地方（在这个高度最容易测量）的树径值，所测树木的体积占直径与已所测树径值相同的同高度的圆柱体体积的比例，这点可见图1-21。当然了，由于树干形状总是有所变化的，所以"材积系数表"也会因为树种和高度的不同而有所差异，拿密林中的松树树干和云杉树树干来说吧，在0.45 ~ 0.51之间，约为0.5，变化并不算大。

图1-21 "材积系数"是什么？

所以说，未砍伐树木的体积就是和以齐胸高度测算出的截面来计算与树同高的圆柱体体积的一半，这个结果是较准确的。

这个近似值，与实际结果差别很小，只会在2%到10%之间①。

现在还有一步就能估算出未砍伐树木的重量了。1立方米新采伐的松树或云杉树原木重约600 ~ 700千克，现在只要知道这些就足够了，比如你测定一棵云杉树的高度为28米，齐胸高度的树干周长是120厘米，那么它相应的圆柱形物的截面积就是1 100平方厘米，也就是0.11平方米，那么树干的体积就是$\frac{1}{2} \times 0.11 \times 28 \approx 1.5$立方米，假定新采伐的云杉树木材平均每立方米重650千克，那1.5立方米的木材的重量应约为1吨重（1 000千克）。

---

①切记，"材积系数"只对生长在密林中的细高平滑无节的树木适用，而不适用于独立多枝的树木。

1.13 树叶上的几何知识

一棵白杨树的根部又生出一棵小树，摘下一片小树的叶子你会发现，它比大树上生长在明亮的阳光下的叶子大许多，树叶处在阴暗处，就必须要靠叶面接受阳光照射来弥补吸收阳光的不足，研究这个问题是植物学家的工作，而在这个问题上几何学家是有权利发表言论的：计算小树树叶的面积比大树树叶大多少倍。

那么这个问题应该怎样解答呢？

方法有两种。先把每片叶子的面积计算出来，再计算它们的比例。要测量树叶的面积，就要把一张透明的方格纸放到叶面上，这个方法比较准确，但必须特别细心才可以[①]。假定每个方格面积为 4 平方毫米。

最简单的方法如下：虽然两片树叶的面积不同，但它们的形状相似，就是说它们从几何学角度来看是相似的。我们知道，这样两个相似图形的面积比等于它们的相似线段尺寸平方的比。所以在你得知一片树叶与另一片树叶长或宽的比例后，就可以用它们的乘方计算它们的面积比。假定小树树叶长为 15 厘米，大树树叶长只有 4 厘米，从而得出它们的直线尺寸比是 $\frac{15}{4}$，那么面积比，前大树叶是小树叶的 $\frac{225}{16}$ 倍，约为 14 倍。因为这里的计算不可能非常精确，所以凑个整数，就可以确定，小树叶子比大树叶子约大 13 倍。

还有这样一个例子。

---

①这个方法的好处在于可以用它对形状各异的树叶面积进行比较，后边提到的方法则无法做到这一点。

20

一棵蒲公英长在阴暗处，它的叶子长 31 厘米，另一棵蒲公英长在阳光下，它的叶子却只有 3.3 厘米长，问大叶子是小叶子的多少倍？

根据前面讲述的方法计算，两片叶子的面积比为：

$$\frac{31^2}{3.3^2} = \frac{961}{10.9} \approx 88。$$

从而得出，阴暗处的叶子面积比阳光下的叶子面积约大 87 倍。

在树林中很容易找到许多形状一样，但大小不同的树叶，这样一来，你就能获得解答图形面积比这一几何学难题的材料，不习惯这样做的人可能会觉得奇怪，两片长和宽差别不算大的树叶，面积上却差别很多，例如，两片几何形状相同的树叶，一片比另一片长 20%，它们的面积比居然是：

$$1.2^2 \approx 1.4$$

也就是说，这两片叶子的面积差 40%，如果大树叶比小树叶宽度长 40%，那么它的面积就比小树叶的面积大几乎一倍。

$$1.4^2 \approx 2。$$

图 1-22 计算树叶的面积比　　图 1-23 计算树叶的面积比

如图 1-22、图 1-23 所示，请计算出树叶面积之比。

1.14 蚂蚁大力士

蚂蚁是种非常令人惊奇的动物，它能衔着比自己弱小身体重几倍的重物，沿着植物茎向上快速奔跑（图1-24），它的行为令很多人感到不解：这么小的身体怎么会有这么大的力气？居然能这样轻轻松松地扛起重过自己体重近10倍的重物！人是绝对不可能扛起一架钢琴顺着梯子向上爬的（图1-24，右），可这就是蚂蚁所搬的重物和它的体重之比，所以，蚂蚁相对来说比人的力气大多了。

真的是这样吗？

这个问题不用几何学是无法弄明白的。来看看专家是如何论述肌肉力量和解释蚂蚁的力量与人的力量对比关系的问题的。

图1-24 蚂蚁大力士

动物的肌肉就像是一根松紧带，只是它的收缩是因为别的原因，而不是因为有弹性。肌肉被刺激后会恢复正常，而在生理学的实验中，给相应的神经或者肌肉通电流都能使肌肉收缩。

由于冷血动物的肌肉在机体外甚至是常温条件下，仍然能够在很长一段时间内保持它的生命特征，所以从一只刚死去的青蛙身上取下一块肌肉做实验是很容易的。实验的方法也很简单，先把青蛙屈伸后腿的主肌，就是腿肚肌，和与它相连的大腿骨及其末端都切下来。这块肌肉的尺寸和形状都非常适合做实验。先把大腿骨挂在实验台上，把一个小钩子挂上砝码，穿过肌腱。如果用连着电源的电线触及肌肉，肌肉就会迅速收缩，并变短，从而提起砝码，想要测定肌肉的最大提升力，只需不断提升小砝码的重量即可。这时，用电流刺激几条连接在一起长度相同的肌肉，这样做并不能获得更大的提升力，砝码被提升起的高度只是这些肌肉收缩的倍数，但如果把几条肌肉绑在一起，形成一束，那么它们被电流刺激后会提起更重的砝码来。所以想象一下，如果这些肌肉都长在一起，就一定能得到这样的效果。所以说肌肉的提升力是由肌肉的粗细也就是它们的截面积决定的，而并不取决于它们的长度或总量。

现在回到刚才的问题，对机体结构相同、几何形状相似但体积大小不同的动物进行一下比较。第二个所有的直线尺寸都比第一个大的一倍，第二个动物的体积、体重，机体内每个器官的体积、重量都是第一个的 8 倍，但肌肉的横截面却只有第一个的 4 倍，这个体长是第一个的 2 倍，体重是它的 8 倍的动物，它的肌肉力量却只比第一个的增加了 3 倍。可以看出，这个动物的体力只是第一个的一半，同理，一个动物的长度上是另一个的 3 倍（横截面积超过 8 倍，体重超过 26 倍），那么它的体力就只是另一个的 $\frac{1}{3}$。如果它的体长是另一个的 4 倍，那么它的体力只是另一个的 $\frac{1}{4}$ 等。

为什么蚂蚁、黄蜂等小动物能够扛起相当于自身重量 30 倍、40 倍的重物，而除去运动员和重物搬运工外的普通人类，在正常情况下却只能搬动相当于自身体重 $\frac{9}{10}$ 的重物，我们视马匹为出色的搬运工，它只能搬运相当于自身体重 $\frac{7}{10}$

的重物[1]。上述情况是动物体积和重量与它的肌肉量不成正比的原因。

现在你对蚂蚁大力士的力量该刮目相看了吧！克雷洛夫在自己的寓言中这样描写蚂蚁大力士：

小蚂蚁，大气力，

古今者，无人比；

忠实的历史学家这样说，

它居然可以举起两颗大麦粒。

---

① 见别莱利曼著作《趣味力学》之第十章《生物世界中的力学》。

第2章

小河边的几何学

2.1 测量河流的宽度

不渡河却要测量河的宽度，在一个懂得几何学的人眼里就像不用爬树就测量它的高度一样简单，我们要测量无法逾越的距离仍然要利用测量无法接近的高度的方法。这两种情况都是用其他距离的便捷测量来取代未知距离的测量方法。

解决这个问题有很多种方法，下面我们来介绍几种最简单的方法。

1. 第一种方法，我们都熟悉"大头针测高仪"，在这里我们要用到它，把三个大头针钉在等腰直角三角形的三个点上（图2-1）。想要测量河流宽度 AB（图2-2），我们无法到河的对岸，只能站在点 B 的河岸边，你拿着"大头针测量仪"站在点 C 处，一只眼睛望向两枚大头针的方向，使 B、A 两点和大头针 a、b 两点在同一直线上。如果你是这样的，那你就站在 AB 的延长线上。这时扶好仪器，眼睛看向 b、c 两点（与刚才的方向垂直），你会看到点 D 在 bc 的延长线上，被 bc 点遮住。然后在 C 点用木条做好标记，拿着工具沿着 CD 直线走，直到找到 E 点为止（图2-3），在这一点可以看到 b 遮住了 C 点的木条，a 遮住了 A 点，这就说明你找到了三角形 ACE 的第三个顶点。在这个三角形中，角 C 是直角，角 E 是"大头针测量仪"的锐角，就是直角的 1/2。那么

图2-1 用大头针测量仪对河流宽度进行测量。

图2-2 大头针测量仪的第一个位置

26

A 角也是直角的 $1/2$，所以 $AC = CE$。如果你简单测量了 CE 的距离，你就会知道 AC 的距离，BC 距离可直接测量得知，AC 的距离减去 BC 的距离就是河流的宽度了。

但拿着大头针测量仪一动也不动是很不容易的事，所以最好把带有大头针仪的小木板钉在一根木杆上，再把木杆垂头插进地面固定好。

图 2-3 大头针测量仪的第二个位置

2. 第二种方法和第一种方法相似，先在 AB 延长线上找到 C 点，再借助大头针测量仪的帮助找到 CD 直线，使它与 CA 垂直成直角。接下来的做法与第一种方法有所不同（图 2-4）。在 CD 线上标出 CE 和 EF，并使两者长度相等，在 E、F 两点上钉上木条为标记。然后拿着大头针测量仪站在点 F 处，找到和 FC 线垂直的方向 FG，沿着 FG 的方向向前走，找到这条线上的 H 点，从这点看点 A，发现 A 点正好被 E 点的木条挡住，也就是说，H、E、A 三点都在同一条直线上。

图 2-4 利用全等三角形的特性测量河的宽度。

问题就解决了：FH 和 AC 的距离相等，只要用 FH 值减去 BC 的长度就是河流的宽度了（你一定知道 FH 和 AC 相等的原因）。

用第二种测量方法需要的场地比第一种方法大，如果有足够的场地条件使用两种方法，可以用一种方法验证另一种方法。

3. 第三种方法。第三种方法就是把第二种方法稍微改动一下的结果：在 CF 线上量出两段不相等的距离，其中一段比另一段长几倍，如图 2-5 所示，使 EC 比 FE 长 3 倍。接下来的做法和第二种方法相同。沿着和 FC 垂直的方

图2-5 利用相似三角形的特性进行测量

向找到 H 点，从这里看 A 点，会发现 A 点被 E 点挡住了。但这里 FH 和 AC 并不相等，只是 AC 的 $\frac{1}{4}$。因为 ACE 和 EFH 两个三角形只是相似三角形，并不相等（各角相等，但各边不相等）。根据三角形相似的关系，可以得出：

$$AC : FH = CE : EF = 4 : 1$$

所以，测量出 FH 的距离后，再乘以 4，就是 AC 的长度，再减去 BC，就是河流的宽度了。

是的，这个方法比第二种方法需要的场地小，使用起来更便利。

4. 第四种方法。这个方法是根据直角三角形的特性进行测量的，就是如果三角形的锐角之一是 30°，那么这个角所对的直角边的长度就是斜边的一半。想确定这点是很容易的，假设直角三角形的 ABC 的 B 角（图2-6，左）是 30°，所以，$AC = \frac{1}{2} AB$。以 BC 为中心，把三角形 ABC 旋转到和它初始位置对称的位置（图2-6，右），构成三角形 ABD，因为 C 点的两个角都是直角，所以 ACD 线是直线，三角形 ABD 中，由于角 ABC 和角 CBD 都是 30°，角 $A =$ 60°，所以角 $ABD = 60°$，那么两个相等角的对边也相等，$AD = BD$，由于 $AC = \frac{1}{2} AD$，所以 $AC = \frac{1}{2} AB$。

测量时，想要利用三角形的这个特性，就要在木板上固定好大头针的位置，

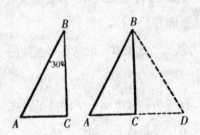

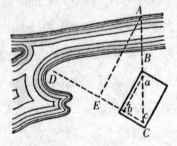

图2-6 直角边等于斜边一半的情况　　图2-7 用锐角为30°角的直角三角形进行测量

使它成为一个直角三角形，并且使其中一条直角边的长度是斜边的一半，拿着这个仪器站在点 C 处（图 2-7），使 A 点在大头针仪上的斜边延长线上，在直角三角形的短直角边 bc 的延长线上找到 E，使得 EA 和 CD 相互垂直（这一步骤可用大头针仪轻松做到）。那么 CE 边的对角是 30°，则 CE 是 AC 边的 $\frac{1}{2}$，测量出 CE 的长度，乘以 2，再减去 BC 的长度，就是河流的宽度了。

刚才说的四种测量方法简便易行，不需要渡河就能测量出河的宽度，准确度也很高，还有一些方法需要使用复杂的仪器（包括自制的），在这里就不多介绍了。

2.2 帽檐也能测量河宽

库普里昂诺夫上士当年在前线的时候[1]用过这个方法，他带的部队得到了上级的命令：测量即将要强渡的河流宽度。

库普里昂诺夫上士带着部下隐蔽在河边的树丛后，和士兵卡尔波夫一起爬到河边，在那里，他们可以很清楚地看到对岸已经被法西斯占领了，这样的情况下，就只能通过目测来了解河流的宽度了。

库普里昂诺夫上士问："卡尔波夫，你看河宽有多少米？"

卡尔波夫回答："我认为在 100 米到 110 米之间。"

库普里昂诺夫上士对士兵的目测结果表示赞同，但为了准确起见，他决定用"帽檐"来测量河的宽度。

方法如下：观测者站在河边，面对着河，把帽檐压低至眼睛上方，用眼向前望去，使帽檐的底边和对面的河岸线正好重合（图 2-8）。或者用手或笔记本贴在前额上代替帽子，然后观测者向右、向左或向后转身（最好是向便于进行测量的场地方向），但头不要动，接着找到从帽檐（手或笔记本）下能看到的最

---

① 可参见德米多夫的著作《河流侦察》，《军事知识》1949 年第 8 期。

图 2-8 使帽檐对准对岸的一点

远的一个点。

这个点到观测者的距离就是河的宽度了。

库普里昂诺夫上士就是用这种方法进行测量的。他从木丛中站起来，把笔记本贴在额头上，转过身找到了能看到的最远的一点，接着他快速带着卡尔波夫爬到那个点处测量出距离为 105 米。

库普里昂诺夫上士向上司报告了他们测得的距离长度。

"帽檐"用几何学应该怎样解释。

从帽檐（手或笔记本）望向远处的视线，看到的是河对岸（图2-8），观测者转身后，他的视线就像是用圆规画了一个圆，所以，$AC = AB$，AC 和 AB 都是这个以视线为半径画出的圆的半径（图2-9）。

图 2-9 用一样的办法找到平地上的一点

2.3 小岛的长度

现在我们要解决的问题比较复杂。如果你在河边看到了一个小岛。你想不离开岸边就测出小岛的长度，能做到吗？

虽然我们无法靠近小岛的两侧，这个问题还是不依靠复杂的仪器就能解决的。

如果我们在岸边测量小岛的长度 AB（图 2-11）。在岸边随意找到 P、Q 两点，并钉上木条作标记。在 PQ 线上找到 M、N 两点，使得 AM、BN 和 PQ 相垂直（可借助大头针测量仪的帮助），找到 MN 的中心点 O，钉上木条，在 AM 的延长线上找到和 O、B 点在同一直线上的一点 C，在 BN 的延长线上用同样的方法找到点 D，使其与 O、A 两点在同一直线上。CD 的距离就是小岛的长度。

图 2-10 小岛的长度如何测量

想要证明这一点很容易。对三角形 AMO 和 OND 仔细观察，发现两个直角边 $MO = NO$，另外，角 AOM 和角 NOD 也相等。所以这两个三角形是全等三角形，所以 $AO = OD$。同理可证 $BO = OC$。然后再比较三角形 ABO 和 COD 时，就能确定它们是全等三角形，所以得出 $AB = CD$。

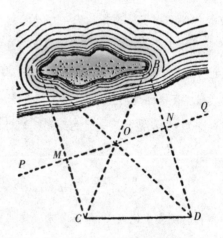

图 2-11 用全等直角三角形的特性进行测量

2.4 对岸的过路人

一个人沿着对岸的河边行走，你在这边可以清晰地看到他的脚步。你能不能站在原地，并且不借助仪器而计算出你和他之间的大致距离？

不需要仪器帮助，只用你的眼睛和手就完全可以了。朝河对岸行人的方向伸出手臂，如果他向你的右手方向前进，那么你就闭起左眼，用右眼向你竖起的大拇指尖望去，如果他向你的左手方向前进，你就闭起右眼，用左眼向大拇指尖望去。当那人正好被你的拇指挡住时（图2-12），马上闭上刚才进行观测的那只眼，迅速睁开另一只，这时你会发现那个人好像被人向后推了一段距离。当他再次被你的拇指挡住时，你要数一下他走了几步。这样，计算这个距离的数据你就基本都掌握了。

我们来讲解一下如何使用这些数据。假设（图2-12）a和b是你的眼睛，点M是你伸出手臂的拇指指尖，点A是行人的第一个位置，点B是他的第二个位置。三角形abM和ABM是相似三角形（你要面朝那个人，使ab基本平行于他的行进方向）。就是说，$BM : bM = AB : ab$；其中只有BM是未知项，其他各项都能直接经过测量得出：bM是你伸出的手臂的长度；ab是你两只眼睛之间的距离；AB是行人走过的距离（通过步数算出，每一步均为$\frac{3}{4}$米）。由此可以得出：

$$MB = AB \times \frac{bM}{ab}。$$

假设你的双眼间距ab为6厘米，你伸出手臂的最前端和你眼睛的距离bM为60厘米，那个行人从点A行至点B，假设走了14步，那么你们之间的距离为：

$$MB = \frac{3}{4} \times 14 \times \frac{60}{6} = 140 \text{ 步} = 105 \text{ 米}。$$

你可以先把自己双眼间距和手臂伸出后的顶端到你眼睛的距离bM测量好，并记住它们之间比例为$\frac{bM}{ab}$，就能很快测出无法靠近的物体的距离，然后再用AB乘上这个比例就行了。大多数人的$\frac{bM}{ab}$比例约为10。困难的条件下怎样测量AB的距离，刚才我们用了数步数的方法，还有别的方法。例如你想要测量一列客车的距离，可以拿它和车厢长度相比较，以此

图2-12 与河对岸行人间的距离该如何测量

方法来估计出 *AB* 的长度（众所周知，两个车厢间的缓冲器间的距离是 7.6 米）。要测量离一座房子有多远，可以通过窗户的宽度或砖块的长度等的比较的方法估计出 *AB* 的距离。

如果已知观测者和一物体间的距离，即可以用上述方法测定远处物体的尺寸，当然也可以用我们下面即将介绍的"测远仪"来进行这类测量。

2.5 最简便易行的测远仪

在第一章中，我们就介绍了测量无法靠近的物体高度的简单仪器——测高仪。这里我们来介绍用来测量与无法靠近的物体间的距离的最简单的仪器——测远仪。这个测远仪非常简单，它是用 1 根火柴棒制成的。先在火柴棒的一面画出毫米刻度，可以涂成黑白相间，这样能看得更清楚（图 2–13）。

图 2–13 自制火柴棒测远仪。

要使用这个简单的测远仪，必须知道被测物体的尺寸大小（图 2–14）。还有，那些构造非常完善的测远仪也是要在那样的条件下才能使用。如果你看到远处有一个人，你就可以考考自己：测一下你和他之间的距离。这时，就可以借助火柴棒测远仪的帮助。手指捏住火柴棒，伸出手臂，一只眼睛望过去，使火柴棒露出的上端与那个人的头顶相合，再用大拇指甲沿火柴棒从下方向上慢慢移动，直到挡住那个人的脚部下方为止。这时你拿过火柴棒看清楚你的指甲停留处的刻度

图 2–14 使用火柴棒测远仪进行测量

就可以了。这时，所有解题的数据就都准备好了。

很容易就能证明下列比例式的正确性：

$$\frac{未知距离}{眼与火柴间的距离} = \frac{人体平均身高}{火柴棒量出的读数}。$$

从此等式很轻松就能算出未知的距离。例如，眼睛与火柴棒的距离是 60 厘米，人的身高为 1.7 米，火柴棒量出的读数是 12 毫米，即可得出：

$$60 \times \frac{1700}{12} = 8500 \ 厘米 = 85 \ 米。$$

想要更快地掌握这个测远仪的使用技巧，你可以量一下你的朋友的身高，再请他走远一段距离，然后用这个测远仪测算与他相隔的距离。

用这个方法也可以测出你和一个骑马的人（平均高度为 2.2 米）、一个骑自行车的人（车轮直径为 75 厘米）、路边的电线杆（高 8 米，相邻的绝缘体间的垂直距离为 90 厘米）、列车、砖房等与你之间的距离。想要精确估计出它们的尺寸是很容易的事，这样的事在旅行中会经常遇到。

一个心灵手巧的人就能很轻松地制造出一个简便易行的测远仪，根据远处的人体高度，用它测定距离。

图 2-15 抽推式测远仪的使用方法

这个测远仪的构造可见图 2-15 和图 2-16，被测物体要正好在向上抽推式仪器可移动部分时形成的区间 A 处。可以由小板的 C 和 D 部分的刻度轻松判定空隙的长度。如果观测的是人体的距离（手持仪器时伸直的手臂长度就是仪器和眼睛的距离），为了计算简单，可以把和刻度对应的距离刻在 C 板的刻度对面。被测物体是骑马的人（高度为 2.2 米）的距离时，把事先计算好的距离符号刻在右面的 D 板上。当测量电线杆（高度为 8 米）和机翼为 15 米的飞机等大型的物体的距离时，可以把数据记载在 C 和 D 带上部空白之处，仪器就如图 2-16 中所示。

当然这样判定距离结果可能不太精确。这不是测量，只是估量。在上述实例中，测量时如果距离人体 85 米，在火柴棒出现 1 毫米的错误，实际距离就会有 7 米的误差（85 米的 $\frac{1}{12}$）。但若离那人的距离超过刚才距离的 3 倍，那么火柴棒上指示的刻度就不是 12 毫米，而是 3 毫米。那时哪怕误差只有 $\frac{1}{2}$ 毫米，实际误差就会有 57 米。所以我们所举的测量人与人之间距离的实例中，在近距离（100 ~ 200 米）时测量结果才较准确。测量远距离时就要选择更加高大的物体。

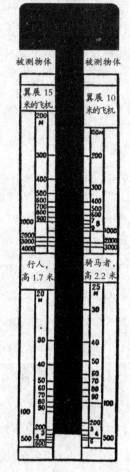

图 2-16 抽推式测远仪

2.6 河流的巨大能量

你是否到过那遥远的地方，

那里是一派繁荣的景象，

河水碧波荡漾，

微风吹过草原，

樱桃园中掩映着座座农舍。

——阿·托尔斯泰

长度不超过 100 千米的河流都是小河。你知道这样的小河在苏联有多少吗？非常多，有 4.3 万条！

如果这些小河连在一起，它的长度就是 130 万千米，能绕赤道 30 圈（赤道的长度约为 4 万千米）。

这些小河水流看上去不急不徐，而它们蕴含的能量却非常大。专家认为，

35

如果把地球上的小河流所储藏的能量汇聚在一起，结果会令人非常惊讶：3千4百万千瓦！应把这上天赐予的能量用在农村经济的电气化建设上。

> 放肆的河水即使仍在奔流，
>
> 但我们的蓝图早已画就，
>
> 山脊一样的拦河大坝将从深深的河底筑起，
>
> 大河将不再横流。

——斯·希帕乔夫

大家都知道实现电气化需要修建水力发电站。在筹建小型水力发电站的过程中，人们可以主动贡献自己的力量。其实水电站的建设者们最想知道河流的相关数据：河流宽度和水流速度（"流量"）、河床截面积（"有效截面积"），以及河岸能承受水压的最大值。这些都能通过简单仪器的测量和一道简单的几何题得知。

现在我们来解答这道题。

首先说一下亚罗什和费奥多罗夫两位工程师的建议，它影响到在河流上选择未来拦河坝合适位置。

两位专家建议，小型水电站功率只有15～20千瓦，这样的水电站要建在村庄附近5千米的地方。

"水电站的大坝最好的建造地点如果距离源头太远，那么水量就会太大，这会增加建筑成本；如果把它建在距离源头太近的地方，就会出现水量小和水力不足的情况，使发电站发出的电力受到影响，所以最好的建造地点就是距离源头10～15千米到20～40千米之间的地方。也不能在河段河床太深处建造大坝，因为那样的话还要建造庞大的坝底，使建造费用增加。"

2.7 河流的速度

小河像一条晶莹的带子，

在村落与山林之间自由自在地流淌。

——阿·费特

一昼夜的时间，一条小河流走多少水量？

如果能测出河水的流速，这个问题就简单了。这个测量工作需要两个人合作。一人看着时间，另一个人拿着一个醒目的浮标，可以在一个装有半瓶水、瓶塞塞紧的瓶子上插上一面小旗。沿着水面较直的河岸边钉两个木条 A 和 B，并使它们间距为 10 米（图 2-17）。

找到与 AB 连线垂直的两点 C、D，钉上木条，作好标记。拿表的人站在 D 点，拿浮标的人走向点 A 上游处，把浮标投进水里，立刻站到 C 点后，两个人分别顺着 CA 和 DB 的方向望向水面。当浮标漂过 CA 的延长线时，站在 C 处的人挥手示意。拿表的人记录下这个时间，浮标漂过 DB 延长线时，再记录下时间。

如果两次时间差为 20 秒。则水流的速度为：

10 ∶ 20 = 0.5 米／秒。

以上测量要做十次，每次把浮标放在不同的地点[①]。再把测得的数字的和除以测量次数。结果就是水面的速度。

小河的深层水流缓慢，所以河流

图 2-17 用小仪器测量河水的流速

---

①可以同时在十个不同的地点投放浮标。

的整体流速约是水面流速的 $\frac{4}{5}$。在我们这里，河流的整体流速为 0.4 米／秒。

还有一种测水面流速的方法，但不如上述方法准确。

在一条小船上向水流的反方向划 1000 米（可事先在岸边标出），再顺着水流的方向划回去，划船的力度要始终一致。

假设你向水流的反方向用 18 分钟划了 1000 米，而顺流返回时中用了 6 分钟，假设 x 为水面的流速，y 为在不流动的水中的划行速度，可得方程式：

$$\frac{1\,000}{y\text{-}x} = 18, \quad \frac{1\,000}{y+x} = 6$$

所以，

$$y + x = \frac{1\,000}{6}$$
$$y - x = \frac{1\,000}{18}$$

上式减下式得：$2x \approx 110$（约数），$x \approx 55$

所以，河流水面流速为 55 米／分钟，就是说，它的平均流速约为 $\frac{5}{6}$ 米／秒。

2.8 小河的流量

河水的流速很容易就能测出，但要计算出河水的流量就比较困难了，需要测定水流横截面积。截面积通常称为"有效截面积"，要先画出截面的草图，才能求出它的数据，方法如下：

第一种方法

在准备测量河流截面的两岸水边分别钉上两个木条。然后你和同伴划着小船从一个木条到另一个木条，尽量按两点间直线划行。这需要有经验的划船手，尤其是在水流湍急的地方。至少你的同伴划船技术要好，最好再有第三位帮手在岸边注视着小船的划向不要偏离。需要的话，他要及时示意划船手修正方向。第一次渡河时，你记住自己划桨的次数就能得知，小船每向前划行 5 米或 10 米，要划几下桨。然后第二次渡河，这次你要带上一根刻有刻度的长杆，每隔 5 至

10米（根据划桨次数可以算出）把长杆垂直插到河底，并把每处的水深做好记录。

这个方法只能用于小河的有效截面测量，而不适用于河面宽阔、水量充沛的河流，那样的话就要用比较复杂的方法，且要由专家来完成。非专业人员只能用一些简便易行的工具就能测量的河流了。

第二种方法

要测量河面不宽、河水不深的小河流量不需要靠小船也能测量。

在两个位置上钉上木条，在两个木条间拉一根绳子，让它与小河垂直，把绳子每隔一米处做个记号，用长杆把每个做记号的地方插入水中，量出水深。

测量完毕后，在一张带格子的纸上画一幅类似（图2—18）的横截面草图。由于图形被分成了若干个梯形和等边三角形，且它们的底和高都已知，如果草图比例为1∶100的话，那么它的面积就很容易得出了。

这时计算河流流量所需的数据就都具备了，每秒钟从有效截面流过去的水的体积和这个棱柱的体积相等，它的底为截面，高度为水流的每秒平均流速。假设河水平均流速为0.4米／秒，它的有效截面面积就是3.5平方米，那么每秒从截面流过的水量是：

3.5×0.4＝1.4立方米，

也可以说是1.4吨水[①]。那么流量每小时为

1.4×3600＝5040立方米。

一昼夜的流量是：

5040×24＝120960立方米。

这只是一条小河，它的有效截面积只有3.5平方米，水深只

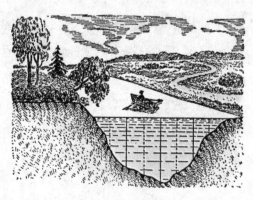

图2—18 测量小河的有效截面

[①]1立方米淡水重量为1吨（1000千克）。

图 2-19 功率为 80 千瓦的小型水电站

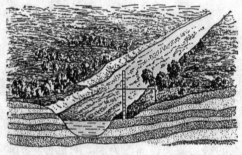

图 2-20 两岸间的截面如何测量

有一米左右，人完全可以徒步走过去，而它的日流量超过了 10 万立方米，这么大的能量完全可以变成电力造福人类。比如说涅瓦河，自它的有效截面每秒流过的水量为 3300 立方米，一昼夜的数目更是可想而知了。这只是它的"平均流量"，基辅的第聂伯河的"平均流量"为 700 立方米／秒。

作为勘探者的我们还应该知道，拦河坝会产生多大的落差，就是说，河流两岸可以承受多大的水头（图 2-19）。这时要在河流岸上离水边 5 ～ 10 米的地方各钉上木条，使它垂直于水流。然后沿着这条线向前走到坡度大的地方，再钉上木条（图 2-20）。然后测量出木条间的高低差和它们之间的距离。

这时就可以根据测得的结果，依照河床截面图的画法，画出两岸间的截面图。

有了两岸间的截面图，就能轻松确定它能容许的水头大小了。如果拦河坝能把水位提升 2.5 米，就能算出未来水电站能达到的功率。

水电工程师认为可以这样估算：把将 1.4（河流每秒流量）和 2.5（水位高度）相乘，再乘以 6（随着电机能量损耗而经常变化的系数）。由此可得发电功率的千瓦数：

$$1.4 \times 2.5 \times 6 = 21 \text{ 千瓦}。$$

用这样的方法计算时，必须知道这条河一年中大部分时间的水耗量，因为河流的水位和水耗量是随着季节变化而不断变化的。

2.9 置于水中的涡轮

在河底附近安装一个有桨叶的涡轮，并保证它可以轻松旋转。如果河流的流向是自右向左，那么涡轮的旋转方向是怎样的呢（图 2-21）？

图 2-21 水中的涡轮会怎样旋转

由于深层水流速度比上层慢，所以涡轮上部桨叶比下部桨叶承受的压力大，所以涡轮会逆时针旋转。

2.10 色彩斑斓的虹膜

工厂排放废水的排水管附近河流上经常有像彩虹一样的色彩，那是废水里的油，比如说机油，由于它比水轻，所以会浮在水面上，变成一层薄膜随河流漂走。那么能不能测出这层膜的大概厚度呢？

这个问题看上去很困难，计算起来却很简单。你知道，我们不可能去直接测量膜的厚度，那是很蠢的行为。要测它的厚度，可以用间接的方法。

取 20 克机油来，把它倒在离岸边较远的水面上。等它散成接近圆形时，大致测量一下它的直径。再根据直径计算出面积。再根据重量计算出倒入水中的油的体积，这时就可以计算出油膜的厚度了。例如：

把 1 克油倒在水面上，散开后形成一个直径为 30 厘米的圆形。请计算水面上油膜的厚度？1 立方厘米的煤油重量为 0.8 克。

先计算油膜的体积，它和取用的油的体积是相等的。

已知 1 立方厘米的油重 0.8 克，则 1 克煤油的体积为 $\frac{1}{0.8} = 1.25$ 立方厘米，或是 1250 立方毫米。直径 30 厘米的圆面积约为 70 000 平方毫米。那么油膜的厚度可以根据它的体积和底面积算出：

$$\frac{1\,250}{70\,000} \approx 0.018 \text{ 毫米}$$

就是说，油膜的厚度小于 1 毫米的 $\frac{1}{50}$。这么薄的油膜，只能这样计算出它的厚度，用普通的仪器是不可能测量出来的。

油类和肥皂泡的薄膜会扩散得更薄，达到 0.0 001 毫米以下。英国物理学家波易斯在他的著名《肥皂泡》中这样写道：

"我曾经在水池里做过一个实验：把一勺橄榄油倒在水面上后就成了一个直径有 20～30 米的圆斑，由于圆斑的长和宽各是勺中油的长和宽的一千倍。所以水面上油膜的厚度就是小勺中油厚度的百万分之一，约为 0.000 002 毫米。"

2.11 荡漾在水面上的圆圈

你可能经常看到这个现象，把一颗石子投入水中，静静的水面会出现一圈一圈的圆圈（图 2-22）。

是的，你可能一直认为这是一个简单的自然现象：石子在水里激起的波浪会向周围散开，所以每一圈都是从这个点散发出去的，

图 2-22 水面上一圈圈的圆圈

都处于同一个圆周上。

上述是石子投在静水中的情况，如果在流动的水中会怎样呢？在湍急的河水中投入石头也能激起圆圈的波纹吗？还是形状被拉长了的呢？

猜想一下，在流动的水中，圆形的波浪应该会向水流动的方向伸展；扩散的速度应该是顺流快过逆流。所以，水面起的波纹不会分布在一个圆周上，而会在一个拉长了的封闭曲线上。

其实不是这样的，你往流动的水中投入石子，就会看到它激起的圆圈和在静水中的一样，这是什么原因呢？

解答这道题。如果水静止，波纹是圆形的，水流会有什么变化？水流把圆形波纹的每个点都吸引到箭头所指的方向（图2-23），并且所有的点都往前移动相同的距离，而这种移动不能改变图形原本的形状。要使点1（图2-23，右）到了点1`的位置，点2移到点2`……四边形1`2`3`4`最终代替四边形1234。从四边形的几个点可以看出，两个四边形是相等的，如果起初在圆周上取的是多点，得到的将是相等的多边形，若取的是无数点，那么将得到两个相等的圆周。

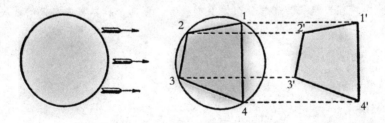

图2-23 波纹的形状并不会随着水的流动而改变

所以波纹的形状仍是圆形，不会随着水的流动而改变，区别只在于在静水中，圆圈不会移动（不包括圆形波纹以同一中心向四方扩散）；在流动的水面上，圆形波纹会和水流一同移动。

2.12 猜想榴霰弹爆炸后的情景

这个题目和我们所研究的题目看上去没什么关系，其实关系非常密切。

如果一枚榴霰弹炮弹突然从高空下降并突然爆炸。弹片向周围飞去，假设弹片被同样的爆炸力炸飞，在此过程中也没有遇到空气阻力。如果爆炸一秒钟后弹片还没落地，那么它们是怎样分布的呢？

这个题目和水面上圆圈的题目很像，你可能认为，这些弹片呈向下拉伸的形状四散在各处。因为被炸飞到上方的弹片要比被炸到下方的弹片飞行得慢。但其实这些弹片是散布在一个球形的表面上的。假设爆炸后，弹片一下子失去重力，在相同的时间内向四周飞出相同的距离，所以说，它们是散布在一个球的表面上。再加上重力因素，那么，所有的弹片都应该往下落，假设它们都以相同的速度下落[1]，那么一秒钟内，每个弹片都应该沿着互相平行的方向下降相同的距离，但图形的形状不会因为这样的平行移动而有所改变，球形仍是球形。

因此，这些被炸飞的弹片会在天空形成一个球面，再以自由落体的速度降落下来。

2.13 船头劈开的波峰

再回到河边，站在桥上观察轮船快速驶过时你会发现，船头在水面上劈开了两道波峰（图 2-24）。

---

①物体下降的速度因受到空气阻力的影响而各不相同，在这里，这个因素我们不计在内。

为什么会出现这两道波峰呢？为什么船行驶得越快，这两道波峰形成的角度越小呢？

想把这个问题弄清楚，可以从投入水中的石子在水面上产生不断扩散的圆形波纹开始研究起。

如果每隔一段时间就往水中投一块石子，水面就会出现

图 2-24 船头劈开的波峰

很多大小不一的圆圈。激起圆圈最小的是最后投入的石子，如果沿着一条直线往水中投石子，这些圆圈就会在船头的两侧形成波峰。投得越快，投的石子越小，两者就越相似。

把一根木棍插入水中划动的效果就是连续不断地往水中投石子的效果，就能看到船头劈开的那种波峰。

这时只要对这个画面稍加补充，你就明白了。船头劈开水面的时候，会产生无数次像往水里投石子的圆形波纹。轮船向前行驶，就会连续不断地出现无数个图 2-25 所示的这样的圆形波纹。相邻的波峰在一起相互碰撞。没有碰撞到的地方就只有在波峰外圆周上的两小段，这些小段合为一体，在这些圆形波纹的外切线内形成两道波峰。

快速移动水面上的物体，它的前端都会产生像船头劈开的波峰（又称水脊）。

所以可以得出：只有物体在水里移动速度比水浪更快时才会出现这种波峰。

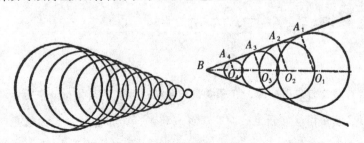

图 2-25 船头的浪波形成过程

如果用木棍在水里划动，是不可能出现波峰的，因为波纹是一个套着一个的，无法形成圆形波纹的外公切线。

河水从一个静止的物体前端流过，这时可以看到物体前端散开的波峰，如果水流湍急，在流经桥墩的部位也会有波峰出现，由于它们受力均匀，没有被旋转的螺旋桨破坏，所以这里的波峰甚至比船头劈开水面产生的波峰更加明显。

懂得波纹形成的几何学原理了，现在来解这道题。

什么决定了船头劈开的两道波峰角度大小？

以圆形波纹的中心向公切线的切点引出半径（图2-25，右），就是说 O_1B 是船头部分在某段时间里走过的路程，O_1A_1 是流波在同一时间内扩展的距离。O_1A_1 与 O_1B 之比（$\dfrac{O_1A_1}{O_1B}$）是角 O_1BA_1 的正弦，和波浪速度与船速的比例相等。也就是说，两道波峰间的角 B 是两倍的角 O_1BA_1，它的正弦约为圆形波浪扩展的速度和船速的比例。

各种船舶的船头劈开的波浪扩展速度都差不多，所以，是轮船的速度决定了两道波峰角度大小。反之，根据船头劈开的波峰角度也可以判断出船速比波浪速度快多少。比如两个波峰间的夹角为30°（客轮和货轮大多是这个角度），则它的半角正弦（sin15°）是0.26，所以说，船速比圆形波浪的扩展速度快 $\dfrac{1}{0.26}$，约为3倍。

2.14　子弹的飞行速度

刚刚研究过的圆形波浪，在子弹或炮弹飞过空中的时候也会产生。

有很多方法可以拍摄飞行中的子弹或炮弹。如图2-26所示，这是两颗炮弹飞行的情景，它们的飞行速度有所不同，在图中我们可以看到"弹头波"，

它和船头波的道理相同，需要用
上比例的计算方法，就是弹头波
半角的正弦和弹头波在空气中
的速度与炮弹本身飞行速度的
比例相等。然而弹头波在空气中

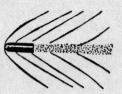

图 2-26 子弹和炮弹在飞行的过程中形成弹头波

的传播速度是330米 / 秒，接近音速。所以想要判定它的速度，只要有炮弹飞

行的照片就容易多了。如图 2-26 所示，要怎样计算呢？

（图 2-26）先测出图中弹头波两道波峰间的角度。图左约为 80°，半角

为 40°，图右约为 55°，它的半角为 27.5°，sin40° ＝ 0.64，sin27.5 ＝ 0.46，

从而得出气浪传播的速度为 330 米 / 秒。是图左中炮弹飞行速度的 0.64，在图

右中则为 0.46。所以第一发炮弹的速度为米 $\frac{330}{0.64}$ / 秒 ≈ 520 米 / 秒，第二发炮

弹的速度为 $\frac{330}{0.46}$ 米 / 秒 ≈ 720 米 / 秒。

不知你有没有发现，看上去非常复杂的问题只要用一些很简单的几何学和

物理学知识就可以轻松解答：只要有一张炮弹飞行中的照片，就能计算出它当

时的飞行速度（当然了，由于很多客观因素没有考虑在内，所以得出的结果只

是个近似值）。

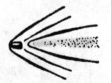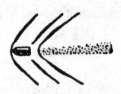

图 2-27 炮弹的飞行速度应该怎样计算

如图 2-27 所示，这是三颗炮弹的飞行示意图，它们的速度不同，感兴趣

的同学可以试着求出它们的速度。

2.15 湖水到底有多深

由于水面上的圆圈，我们又顺带研究了一下炮弹的飞行速度，现在要回到河边看一看印度人与荷花的渊源。

印度人在古时候有把题目和问题写成诗歌的风俗习惯。下面就是这样一道题。

静静的水面上，

一朵荷花探出半英尺头，

它亭亭玉立而又寂寞难耐。

一阵春风吹来，吹走了荷花，

一名渔夫在离地两英尺的地方捡到了它。

那么我问你：

这里的湖里，

到底有多深？

如图 2-28 所示，湖水的深度 CD 用 x 来表示，由勾股定理得出：

$$BD^2 - x^2 = BC^2,$$

所以

$$x^2 = (x + \frac{1}{2})^2 - 2^2,$$

从而得出

$$x^2 = x^2 + x + \frac{1}{4} - 4,$$

$$x = 3\frac{3}{4}。$$

湖水深为 $3\frac{1}{4}$ 英尺[1]

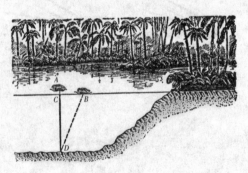

图 2-28 印度人与荷花的渊源

---

[1] 英尺：1 英尺 = 30.5 厘米。

想要得到解题的数据，其实不需要任何工具，湖边的任意一种水生植物都能帮你这个忙，你可以连手都不必沾湿就能知道水的深度。

2.16 倒映在水中的星空

在漆黑的夜晚，小河照样可以给我们出几道几何题。果戈理曾这样描写第聂伯河："繁多的星星在寂静的夜空闪闪发光，可它们又全都倒映在第聂伯河里，第聂伯河把所有的星星揽入自己幽暗的怀抱，除非它在夜空中熄灭，否则任谁都别想逃脱。"是的，当你在湖边看着满是星星的夜空映在河水中时，你会怀疑自己的眼睛，这是真的吗？这条河，竟把所有的小星星都揽入怀中了吗？

如图 2-29 所示，A 表示站在岸边的观测者的眼睛，MN 代表水面，那么，观测者看向水面，可以看到哪些星星呢？为此，我们可以从点 A 画一条垂直于 MN 的直线 AD，并把 AD 延长至 A'，若从 A' 处观测，则只能看到 BA' C 角度以内的部分星空，这和从 A 处观测看到的画面一样。观测者的眼睛无法捕捉到这些星光反射的光线，所以这一角度以外的星星，他是看不到的。

那么应该如何证明这点呢？就是说，如何证明观测者在水面上看不到

图 2-29 在水面的倒影中
可以看到哪部分星空

图 2-30 在河岸低且水面狭窄的水
面映像中能看到更多的星星

$BA'C$ 角度以外的 S 星呢？我们来看一下 S 星映在离岸较近的 M 点光线。根据光的反射定律，相对于垂直于 MN 的 MP 直线和入射角 SMP 的反射角小于角 PMA（根据 ADM 和 $A'DM$ 两个三角形全等的关系可以证明）；也就是说反射的光线应该紧挨着 A 点经过，没有通过 A 点，观测者是看不到的。如果点 S 星的光线被水面反射的地点更远离岸边的 M 点而向岸上陆地移去，那么观测者就更难看到水面反射 S 星的光线了。

所以说果戈理的描写太夸张了：第聂伯河水面无法反射出整个夜空的星星，甚至连一半都没有。

还一个发人深思的问题，我们根本无法证明水面能倒映出多大的星空，因为哪怕是一个水面狭窄、河岸低矮的小河水面上，你也能看到比宽广的大河水面上还要多的星空，只要你调整好自己的视角，就能很容易地证明这一点（图 2-30）。

2.17 横跨小河架桥修路

题 A、B 两点间有一条河，河的两岸大致平行（图 2-31）。要在河上架座和两岸相垂直的桥。要使 A、B 两点间距离最短，桥应该建在什么地方？

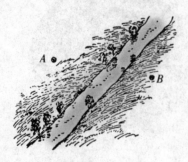

图 2-31 把桥建在何处，才能使 A、B 间距离最短呢？

图 2-32 建桥地点选好了

经过点 A 划一条垂直于河水流向的直线（图2-32），从 A 点出发，在这条直线上截取一条宽度与河流相等的线段 AC，把 CB 连接在一起。只有在 D 点处架桥，才能使 AB 间距最短。

是的，桥 DE 架好后（图2-33），把 E、A 连接起来，得到一条路 $AEDB$，路上的 AE 和 CD 互相平行（由于 AC、ED 相等且平行，所以 $AEDC$ 是平行四边形），所以 $AEDB$ 和 ACB 的路程是相等的，很容易就能证明出，任何一条路都比这一段距离长。如果你认为 $AMNB$ 比 $AEDB$ 或 ACB 短，那么我们把 C、N 两点连接起来，我们可以看到 CN 和 AM 相等，就是说 $AMNB$ 和 $ACNB$ 相等。但我们看到的是 CNB 比 CB 长，就是说 $ACNB$ 比 ACB 长，所以它也比 $AEDB$ 长。所以 $AMNB$ 比 $AEDB$ 长。

这个推论在任何不选 ED 线为建桥点的情况都是适用的，也就是说，$AEDB$ 是最短的（图2-34）。

图 2-33 桥架好了　　　　　图 2-34 两岸间 $AEDB$ 路程最短

2.18 两座桥的修建

建桥时可能会出现一些复杂的情况，比如说桥要横跨两条河，又要找到 A、B 间的与河岸相垂直的最短路径（图2-35），那么，这两座桥要建在哪里呢？

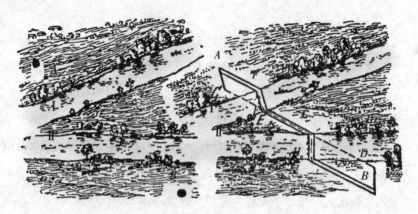

图 2-35 两座桥已建成

如图 2-35（右）所示，画一条与第一条河的宽度相等且与其河岸垂直的线段 AC。然后从 B 点画出一条与第二条河宽度相等且与河岸垂直的线段 BD。将 C、D 两点用直线连接起来。在 E 点建桥 EF，在 G 点建桥 GH。A、B 两点的最佳路径就是 $AFEGHB$。

这个答案如何证明呢？其实思路和上一个题目的相同，只要你认真思考，很快就能想明白的。

第3章

辽阔旷野上的几何学

3.1 月球的可视尺寸

你认为月亮满月的时候有多大呢？每个人都有自己的答案。

有人说像"盘子"，有人说像"苹果"，有人说像"人的脸"……这样的判断是不确定的，说明这些人对这个问题没有一个确切的、实质性的认识。

人们在形容物体大小时经常用到"觉得"、"看上去"这类的词语。但想要正确解答一个问题，就要首先弄清这些词语的涵义。几乎没人怀疑这里所说的是物体的大小，就是那个由来自被观测物体边缘许多点直达我们眼睛的两条直线构成角度的大小。这个角度就是"视角"（图 3-1）。人们总是用盘子、苹果等物的尺寸来估量感觉上的月亮的尺寸，这样的说法要么没有意义，要么就是月亮映在人们眼中时就是和盘子、苹果大小一样。但这样的说法是不完整的：我们看盘子或苹果的大小是取决于和它们之间的距离，距离近，物体看起来就大，距离远，物体看起来就小。所以想要表达得更明确，就必须说明眼睛和盘子或苹果之间的距离。

将远处的物体与其他物体比较大小，这只是作家惯用的文学手法，而不能说明它的距离是多少。而这样的说法之所以会给人们留下深刻的印象，完全是由于它太贴近大多数人的心理习惯了。例如莎士比亚的作品《李尔王》，作者对一个人从海边高高的峭壁上看到的景色是这样描述的：

一直能看到这么低的地方，太让人惊心眩目了！在半空盘旋的乌鸦，看上去比甲虫还要小：一个采金花草的人悬在山腰中间工作，他的全身看起来也不过是一个人头那么大。走在

图 3-1 视角是什么？

54

海滩上的渔夫像小老鼠一样，而那艘停泊在岸边的高大的帆船就像划艇一样小，而它的划艇则小得像个浮标，几乎分辨不出来了。

如果上述比喻能附上比较物体（甲虫、人头、老鼠、小船等）距眼睛的距离，那么这些比喻就能让人对它们的大小有比较清楚的概念了。把月亮比作盘子和苹果时，应该附带你观察这些物品时离它们有多远。

这个距离远比我们认为的距离远得多，你拿着一个苹果，把手臂伸直，结果包括月亮在内的一部分天空都被它遮住了。你把苹果用绳子吊起来然后一点点往后退，直到苹果在你眼中的大小和月亮的大小一样为止，就是说这时月亮和苹果对你有同等的视角。测量出这时你与苹果之间的距离约为10米。你看，要把苹果放到10米远的地方，才能使它和月亮的视角大小一样。如果是一只盘子的话，至少需要放在离你30米远或是50步的地方。

也许你是第一次听到这种说法，觉得难以置信。但这却是事实，因为在观察月亮时的视角只有半度。我们之所以对角度的概念非常模糊，是因为在日常生活中从不需要去估算角度。比如，1°、2°或5°（在实践中习惯测量角度的土地测量的专业人员除外）。我们则比较适于那些较大的角度，尤其是把那些较大的角度和我们经常看到的钟表时针与分针之间的角度作比较。比如我们经常见到的90°、60°、30°、120°、150°角，我们在表盘上（3点钟、2点钟、1点钟、4点钟、5点钟）熟悉这些角度，就可以根据分针和秒针之间的视角知道时间了，但那微小的个别物体，都是要在相当小的视角下才能被看到，是不可能把它们的视角（哪怕是近似值）估算出来的。

3.2 人的视角

想要知道1°角，可以来看一个实例：计算一个身高约1.7米的人要距离观测者多远才能使观测者望见他的视角是1°。就是说，假设我们要计算出一个圆的半径，圆的为 1° 角的圆弧长度是 1.7 米（应该说它是弦而不是弧，但角度若很小，它们就几乎没有差别）。我们可以这样想：如果 1° 角的弧长为 1.7 米，则整个圆周长为 1.7 米 × 360 = 612 米，半径是圆周长的 $\frac{1}{2\pi}$，如果把 π 的值定为 $\frac{22}{7}$，那么半径为：

$$610 \div \frac{44}{7} \approx 98 \text{ 米}。$$

也就是说这个人和我们的距离约为 100 米远（图 3-2），我们看到他的视角才是 1°。若他离我们的距离再远一倍，就是 200 米，那么看见他的视角就是 0.5°。如果他距离我们 50 米，那么视角就是 2°，按着这个规律推算，这个计算题就简单了，我们在视角为 1°、距离为 360 ÷ $\frac{44}{7}$ ≈ 57 米时，看到的测量杆约为 1 米；视角仍是 1°，看到 1 厘米长的木杆时的距离约为 57 厘米；看到 1 千米的物体时，距离约为 57 千米等。所以你距离一个物体相当于其自身直径 57 倍远时，视角都是 1°。只要你掌握了这个数据，就能很简单地计算出和物体角度有关的题目。比如说你想在视角为 1° 的情况下，看到苹果直径是 9 厘米，应该把它放在距离你多远的地方，你只要用 9 乘以 57，得到 510 厘米，或者大约 5 米。如果你和苹果的距离增大一倍，视角为半度，这时的视角和刚才的视角几乎相同。

看上去和月亮具有相同视角的任何物体与我们的距离都可以用这个方法计算出来。

图 3-2 距离约一百米外看到 1.7 米高的人的身高的视角是 1°

3.3 盘子和月亮

一个盘子直径为 25 厘米，要把它放在多远的地方才能使它看上去和月亮一样大？

$$0.25 \times 57 \times 2 = 28.5 \text{ 米}$$

3.4 月亮与硬币

用一个直径为 25 毫米的 5 戈比硬币，和直径为 22 毫米的 3 戈比硬币分别进行上一题的计算。

$$0.025 \times 57 \times 2 = 2.9 \text{ 米}$$

$$0.022 \times 57 \times 2 = 2.5 \text{ 米}$$

距离人四步的 2 戈比硬币或 80 厘米左右的铅笔端面在人的眼睛里都比看到的月亮要大。如果你不信，可以拿支铅笔，伸出手臂对着天上的月亮：铅笔就会挡住月亮。或许你会不相信，最适合用来与月亮尺寸作比的物体是一颗小豆，甚至是火柴头，而不是盘子、苹果或樱桃，假设把盘子或苹果放在很近的距离与月亮相比较，那我们会看到它们比月亮要大 9 ~ 19 倍。把一个火柴头放在距离眼睛 25 厘米（明视距离）的地方，视角为半度时，它看起来和月亮一样大。

有一个非常有趣的视错觉现象，就是月面在很多人眼睛里会增大 9 ~ 19

倍，之所以会产生这一错觉，就是因为月亮的亮度：一轮明亮的月亮在漆黑的夜空中看上去比盘子、苹果、硬币等物体在周围环境中更耀眼[1]。

这个错觉一直困扰着我们，甚至是一些画家，所以他们在自己的画作中，总是把一轮圆月画得比应该看到的尺寸大得多。这一点只要你拿画家画的月亮和照片中月亮比对一下就知道了。

太阳的直径比月球大 400 倍，但它离我们的距离也比月球的远 400 倍，所以上述说法对太阳也是适用的，我们看太阳时视角也是半度。

3.5 一张轰动一时的照片

图 3-3 拍摄火车事故要做的准备工作

图 3-4 汽车在海底行驶的情景

我们现在暂时偏离"旷野几何学"这个主题，从电影中举几个例子，这样能让我们更好地理解视角这个概念。

在电影或电视剧中，你一定看过列车相撞或汽车在水底行驶的离奇镜头。

不知道你是否还记得电影《格兰特船长的孩子们》中，轮船在风暴中沉没和一个男孩在一个沼泽地中被一群鳄鱼围攻的镜头，当然谁都知道，这样的镜头都不可能是实地拍摄的，那它们是怎样制作出来的呢？

秘密就在下面几幅插图中。如（图3-3）所示，这是几辆玩具火车在玩具布景下发生的撞击；如（图3-4）所示，

---

[1]也是由于这个原因，所以我们总认为电灯泡烧红的灯丝要比没有点亮的灯丝粗。

把一辆玩具汽车放在大玻璃水箱后，再用一根细线牵引它往前走。这就是电影中的"惊险镜头"。可我们在电影中看到这些镜头时，为什么会认为列车和汽车都是实景呢？其实它和插图一样，即使我们不把它和真实物体相比较，也能一下子发现它们都是缩小了尺寸的。同样的道理，这些玩具列车和汽车都是在很近的距离拍摄的，所以观众从银幕上看到它们时的视角几乎和真的列车和汽车相同。

如图3-5所示，这是电影《鲁斯兰与柳德米拉》中的镜头：一颗巨大的人头和骑在马上相对渺小的鲁斯兰。拍摄的时候，把大头放在离摄影机很近的场地上，而让骑在马上的鲁斯兰在很远的地方。这就产生了视觉的错觉。

图3-5 电影《鲁斯兰与柳德米拉》中的镜头

图3-6也是视觉产生错觉的例子。这是一幅风景图片，看起来很像远古时代的森林景象：一棵棵怪树上长着巨大的苔藓，还有巨大的水珠，树前有一只巨兽，它看上去很像一只大潮虫。虽然这个景象看上去非比寻常，可照片的确是树林里一块土地上的实景拍摄，只是拍摄的视角有所不同。在正常的视角下，我们从没见过那样的苔藓的茎、水珠和潮虫，所以这张照片才让我们觉得很离奇，只有把它们都缩小到蚂蚁那么小的尺寸，才能使这张风景照片上的实物都恢复原本的样貌。

报界的一些人经常会采取上述方法制作虚假的新闻照片，一次，某国

图3-6 以实景制作出来的风景照片

图 3-7 照片上的雪山（左）和现实中的雪堆（右）

报纸报道了这样一则简讯，他们指责市政当局放任在城市街道上堆积雪堆，旁边还附了一张让人印象深刻的照片（图 3-7，左）。后经核实，原来这是夸张的拍法，从很近的距离以大视角拍摄的这个小雪堆（图 3-7，右）。

那家报纸还刊登了一张近郊山岩出现的一条大裂缝的照片。并附文说，这道裂缝已经是一个宽阔的地洞的入口，一些游客钻进岩洞探险，从此杳无音信。很多志愿者准备就绪去当地寻找失踪者时才无意中发现那张照片居然拍的是结满冰的一堵墙上的一条细缝，只有 1 厘米宽。

3.6 活的测角仪

假如你能够使用分角仪，那么想要自己制作一个构造简单的测角仪就非常容易了，但如果你在郊游，就不一定总把自制的测角仪带在身边了。这时与你形影不离的"活的测角仪"就派上用场了。它就是我们的中指，只要事先进行一些测量和计算，就可以利用它估算出视角角度了。

首先要知道的是，我们向前伸出手臂时食指指甲构成多大的视角。成人的指甲一般宽 1 厘米，手臂伸直时，指甲和眼睛相距 60 厘米左右，那么我们看指甲的视角为 1°（由于距离 57 厘米时视角才是 1°，所以这里应该略小于 1°）。如果你能亲自测量和计算一下，而不是只看书本上的数据，那效果就更好了，这样就能更好地确信测量结果的确略小于 1°。如果误差太大的话，可以换一个手指尝试一下。

懂得这点后，你就能徒手对一些微小的视角进行估算了。你伸出手臂时，只要

它能挡住物体，这个视角都是1°，你和它的距离是它自身宽度的57倍。如果它只能挡住一半的物体，那么它的视角就是2°，而它和你的距离就是其宽度的28倍。

视角为半度时，半个指甲就能遮住满月，就是说它和我们的距离是它的直径的114倍。如此有价值的天文测量工作就这样徒手完成了。

测量较大的角度时，可以把大拇指上带指甲的一节弯曲到与下节成直角的状态，向前伸出手臂。成人的这节手指长度（注意这里不是宽度，而是长度）约为3.5厘米，从眼睛到手臂伸直时的弯曲手指处约为55厘米，这时的视角可以算出是4°。

有两个用手指测量角度时会用到的角度。这两个角度是由伸出手指的指端形成的：第一个，使中指和食指尽量分开成这样望去两指端间的视角约为7°～8°；第二个，最大限度地分开大拇指和食指，这样望去两指端间的视角约为15°～16°。

在空旷平坦的野外郊游时，会经常用到手指测角仪。比如你看到远处的铁路货车车厢，就可以把手臂伸直，弯起大拇指，使它正好遮住整节车厢，这时你看到车厢的视角就是2°。货车车厢长约6米，那么你和车厢间的距离很容易就能算出：6×28 ≈ 170米。当然了，这个数值只是近似值，但它比目测的估算值要准确多了。

在这里，我们再来研究一下在原地利用自己的身体做出直角的方法。

从一点往指定方向划一条垂线，你面朝该方向站在这一点上，头不要动，向你划垂直线的方向伸出一只手臂。接着竖起伸出的那只手臂的大拇指，把头转向大拇指。如果你用伸出手臂那一侧的眼睛进行观察（就是说，伸出右臂，就用右眼，伸出左臂，就用左眼），找出一个物体，比如大拇指正好遮住了石块或是低矮的灌木丛。

这时你只要从站立的地方向找出的物体方向作一条直线，这就是你要求的垂线了。也许你会觉得这种方法不太好，但经过实践后，你就知道这种"活的垂线测定仪"①的方便之处了。

---

① 垂线测定仪是测地工作者用来在地形上绘出垂线用的。

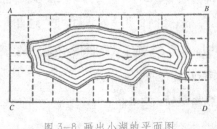

图 3-8 画出小湖的平面图

"活的测角仪"可以使你在没有任何器材的情况下测出星球与地平线之间的高度角，测出星体间距离的角度等。还能不借助任何仪器，如图 3-8 所示的做法，现场绘制任何一块地的平面图。比如对一个小湖，要先画一个长方形 ABCD，再量出从湖岸边某点到长方形边的垂线长度和这些垂线和长方形边的交点至长方形的顶点的距离。如果你是鲁滨逊，身处那样的环境中，可以用手或脚来测量角度和距离，不要小看你的手和脚，它们经常能派上大用场。

3.7 阿科夫测角仪

如果你需要比我们刚讲过的"活的测角仪"更精确、更简单实用的测角仪，可以自己动手制做一个，这是我们的祖先所使用的仪器，是以一位发明家的名字命名的"阿科夫测角仪"，这个仪器很受航海家们青睐， 18 世纪时被广泛使用（图 3-9），后来又出现了更为精确实用的测角仪（六分仪），才渐渐被替代。

这种测角仪由长为 70 ~ 100 厘米的一根长竖杆 AB 和一根能与这杆垂直并能在杆上滑动的横杆 CD 组成，并使滑动的横杆被与竖杆的交点分开的两部分 CO 和 OD 长度相等。如果你要用这种测角仪测定两颗星体 S 和 S' 的角距（图 3-9），就把眼睛贴近测角仪的 A 端（在杆上装上有小洞的

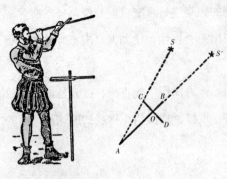

图 3-9 阿科夫测角仪及其使用方法

小板片，这样更方便观测），
把测角仪的方向调整 AC 直
线对准 S' 星；这时移动横杆
CD，注意，移动时要使它沿着
长杆方向，直到在 AB 直线对准
S 星。这时只要测量出 AO 的长

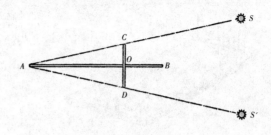

图 3-10 用阿科夫测角仪测量两个星体间的距离

度，CO 长度已知，就能计算出 SAS' 的角度，精通三角学的人都知道，角 SAS'
的正切是 $\dfrac{CO}{AO}$；这类知识在本书第五章"野外旅行中的三角学"中有详细的讲解；
想算出 AC 的距离，也可以根据勾股定理，再求出角度，它的正弦为 $\dfrac{CO}{AO}$。

未知角度可根据图解解出：在纸上画一个任意三角形 ACO，量出角 A 的
度数，如果没有量角器，可以用第五章"野外旅行中的三角学"中所介绍的方法。

那么横杆的另一半拿来做什么呢？其实它只是起了后补的作用，如果被测
角度太大而不能使用刚才的方法测量时才使用的。这时要移动横杆 CD，而不
能把竖杆 AB 对准 S'，把 AD 对准 S'，并使横杆的 C 端对准 S 星（图 3-10）。
一切准备就绪，就可以很简单的计算出角 SAS' 的角度了。

为了简便，可以不需要计算或作图，只要在制作测角仪时就事先把计算结
果刻在竖杆 AB 上，在测量时只要把测角仪对准星体，就能立刻在 O 点读出读
数，那就是测角度的数值。

3.8 钉耙测角仪

要制作测量角度数值的仪器还有更加简便的方法，这就是"钉耙测角仪"，
从表面上看去，它很像一把钉耙（图 3-11）。这个仪器很简单，主要的部分
是一块普通的木板。找一块带孔的小木片，把它钉牢在木板的一端；人们可以
把眼睛贴近那个小孔进行观测。再在木板的另一端按顺序钉上一排细长的大头

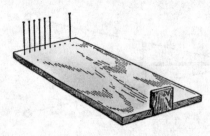

图 3-11 钉耙测角仪示意图

针（就是平时用来收集昆虫标本的那种大头针）。每两根大头针的间距是从带孔的小木片到大头针针脚连线之间距离的 $\frac{1}{57}$ ①。我们知道从小孔观测相邻两根大头针之间的视角1°。为了测量得更为准确，也按照以下方法重新设置大头针的位置：在墙上画两条平行直线，并使它们间距为 1 米，然后垂直于墙向后退 57 米，从观测小孔观测两条直线。往木板上钉大头针时，要使每每相邻的一对大头针都能把墙上的两条直线挡住。

3.9 炮兵的射击角度

炮兵的射击讲究角度，不是盲目地射击。

炮兵确定目标的高度后，会进一步确定目标的角度和与目标间的距离；有时候为了将炮火从一个目标转移到另一个目标，还要计算调整火炮的角度。

炮兵解答这类题目一般都是用心算法快速进行计算的。那么这是什么方法呢？

如图 3-12 所示，图中 OA 是圆周的半径，且 $OA = D$，AB 是圆周上的一段弧；ab 是以 $Oa = r$ 为半径的圆周上的一段弧。

AOB 和 aOb 这两个扇形相似，所以可以得出：

$$\frac{AB}{D} = \frac{ab}{r}$$

或

$$AB = \frac{ab}{r} D$$

$\frac{ab}{r}$ 是视角 AOB 的角度；与此同时，D 是已知数，由此可算出 AB，再由 AB 值计算出 D 值。

①此处的大头针也可以换作缠着许多根细线的小木框。

炮兵为了计算更加简便，通常不会把圆周分为 360 等分，而是分成 6000 等分。这样每一等分就大约是圆周半径的 $\frac{1}{1000}$。

弧 ab（图 3–12）是用来测量圆周角 O 的，假设它是一个划分单位，那么圆周全长则为 $2\pi r \approx 6r$，弧长则为 $ab \approx \frac{6r}{6\,000} \approx \frac{1}{6\,000}r$。

图 3–12 炮兵使用测角仪进行测量计算

因此炮兵们把这个单位称为"密位"。

$$AB \approx \frac{0.001r}{r}D \approx 0.001D,$$

就是说，只要把距离 D 中的小数点向左移动三位，就是相当于测角仪上一个划分（"密位"）单位的实地距离。

在通过野战电话或电台传达命令或报告观测结果时，报"密位"的数字时要把数字——读出，比如"密位"105，要读作"一〇五"，写作：

$$"1 - 05";$$

"密位" 8 读作"〇〇八"，写作：

$$"0 - 08"。$$

现在再看下面这道炮兵出的题目，你会觉得简单多了吧。

从反坦克炮镜中观察到一辆坦克，"密位"为 0 – 05，如果坦克高为 2 米，那么反坦克炮和坦克之间距离多远？

测角仪 5 密位 = 2 米，

测角仪 1 密位 = $\frac{2 \text{米}}{5}$ = 0.4 米。

由于测角仪上的一密位（与之相应的弧长）是距离的 $\frac{1}{1000}$，那么反坦克炮与坦克之间的距离就是弧长的 1000 倍，就是：

$D = 0.4 \times 1000 = 400$ 米。

如果观测者手里没有测角仪器，可以利用自己的手或手指甚至是任何物件（"活的测角仪"中的方法均可应用）。但炮兵想得到的是"密位"，而不是度。

以下是几种物体的"密位"近似值：

手·····················1 — 20

中指、食指或无名指·············0 — 30

圆杆铅笔（宽度）···············0 — 12

三戈比或二十戈比硬币（直径）·······0 — 40

火柴长度··················0 — 75

火柴宽度··················0 — 03

3.10 视觉的敏锐度

如果你懂得了物体的角度值，很快就能懂得如何测验视觉的敏锐度，感兴趣的话，自己也可以做一些这类的测验。

找一张白纸，在上面画 20 条长度和火柴棒（5 厘米）相同、宽为一毫米的一模一样的粗黑线，所有的线条长度和宽度都要相等，让它们组成一个正方形（图 3–13）。找一个光线充足的墙面，把画好的图上去，然后你面对墙壁一直向后退到这些线条在你眼里混在一起，模糊一片为止。这时量一下这段距离，计算一下这时这些线条的视角值（写出做题步骤）。假定这个角度是 1′（一分），这说明你的视觉敏锐度是非常正常的；如果等于 3′，那么你的视觉敏锐度仅为正常值的 $\frac{1}{3}$，其他的数值均依此类推。

图 3–13 测试你的视觉敏锐度

站在距离在图（图 3-13）2 米处观测时，图上的线条已经是一片模糊，那么你的视觉敏锐度正常吗？

在距离图片 57 毫米处观测 1 毫米的线条时，视角为 1°，就是 60′，这一点大家都已经知道了。

如果站在距离图片 2000 毫米的地方观测 1 毫米宽的线条，那么就可以列算式得出视角 x 的值：

$$x : 60 = 57 : 2000$$

$$x \approx 1.7'。$$

由这个值可以看出，你的视觉敏锐度低于正常值，只有正常情况的

$$1 : 1.7 \approx 0.6。$$

3.11 视力所及的最远距离

在小于 1′ 的视角角度下，即使是视力正常的眼睛也不能清晰地分辨出那些线条。不只是线条，所有的物体都一样：无论被观测物体的形状是什么样的，正常的眼睛都无法在视角小于 1′ 的情况下清晰地辨认这些物体。在这样的情况下观测物体，它们都会变成一个模糊可辩的点，它的形状和大小却分辨不出来。由此可以看出，1′ 的视角是人的视觉敏锐度的平均极限。这是为什么呢？这个问题涉及物理学和生理学的视觉。我们在这里只研究与它有关的几何学问题。

上述理论对于庞大而遥远的物体适用，对于距离很近又非常渺小的物体同样适用。对于飘浮在空气里的尘埃的形状，我们用普通的眼睛是不可能辨别出来的：虽然它们都有着各种各样的形状，但即使在阳光下观察，我们看在眼里的尘埃仍是一模一样的微小的圆点。在小于 1′ 的视角角度下观察昆虫，它们

身上的细微部分我们同样无法辨别。正因为如此，没有望远镜，我们就无法看到月球、行星和其他星体上的细微之处。如果上帝厚待我们，能赋予我们更好的视力，那我们看到的世界就完全是另一个样子了。假设一个人的视觉敏锐极限是 0.5′，而不是不是 1′，那他就可以看到比我们更为辽阔深远的世界。契诃夫在他的小说《草原》中这样描写一个具有超凡视力的"千里眼"：

> 他（瓦夏）的视力非常好。看得特别远，所以看上去荒凉的棕色草原在他的眼中却充满了生命和内容。他只要往远方一看，就能看到狐狸、野兔、大鸨等，或是别的什么动物。他看见奔跑的野兔或飞翔的大鸨早已不是什么稀奇的事了，虽然那些走过草原的人都能看到这些，但绝对很少有人能看见它们不是在奔逃躲藏或仓皇四顾，而是在过着家庭生活的野生动物。瓦夏却能看到那些狐狸在玩耍、野兔在用小爪子洗脸、大鸨在啄翅膀上羽毛、小鸨钻出蛋壳。因为他的视力好，瓦夏看到了大家看不到的世界，一个独有的别人无法抢夺和参与的世界。那世界一定很美，因为他经常会入迷地看着远方，让人嫉妒得发狂。

这是一件奇异的事，只要把视觉敏锐度的极限值从 1′ 降到 0.5′，就能使视力变得超乎常人的敏锐，这看上去真的很简单。

这个原理就造就了显微镜和望远镜惊人的功效。这两种仪器改变了被观测物体光线的行程，使这些光线以较大的角度进入人的眼睛：这样就可以更大的视角观看事物了。显微镜或望远镜一般情况下都至少可以放大 100 倍，所以说，我们在显微镜或望远镜下看到的物体，相当于用 100 倍于肉眼所看到的视角去观看物体。这样我们的眼睛就能看到那些原本看不到的、隐藏在视觉敏锐度极限后面的细微世界了。我们在 30′ 视角下能看到一轮满月；由于月球的直径是 3500 千米，所以月球上每一个 $\frac{3500}{30}$ 地段都有 120 千米左右。人们看它的时候，它就成了一个依稀可辨的黑点，但如果用放大 100 倍的望远镜去观测，那么不可辨别的只是那些直径为 $\frac{120}{100} = 1.2$ 千米左右的微小的地段了。如果改用放大 1000 倍的望远镜观测呢，就只有 120 米是无法辨别的地段了。所以，如果月

球上也有地球上的建筑或轮船，我们都可以用望远镜看到①。

在我们日常生活中的最普通的观测中，视力的 1' 极限也有它的用处。由于我们的视力敏锐度极限，所以我们看一个物体，当它与我们的距离是物体自身大小的 3400 倍（即 57×60）时，就看不清楚它的轮廓了，只能看到一个点。如果有人说自己距离一个人 250 米远时还能用肉眼看清楚那个人的面孔，那么除非他有超乎常人的视力，否则这是绝对不可信的。因为一般人的两只眼睛的间距只有 3 厘米，那就是说这两只眼睛在 3×3400 厘米，也就是距离 100 米远处时，就已经连成一个点了。炮兵也是根据这个原理目测距离的。所以说，若远处一个人的两只眼睛看上去还是两个分开的点，那么他离这个人的距离在100 步内（就是 60 ～ 70 米）。而我们的数值是 100 米，也就是说，在军人的条例中，只泛指视觉敏锐度略低的情况（低于 30%）。

 一个人视力非常正常，他能不能使用放大 3 倍的望远镜看清楚 10 千米以外骑马的人？

在这里，骑马的人高 2.2 米，对于一个视力正常的普通人来说，在 2.2×3400 ≈ 7 千米之外时，骑马的人就会成为一个点。而这个视力正常的人用放大 3 倍的望远镜观察他，则会在 21 千米外成为一个点。所以说，用放大 3 倍的望远镜是可以看清 10 千米以外骑马的人的（在空气非常透明的情况下可以看清）。

---

①要做到这一点，必须在地球的大气层完全透明并分布均匀的条件下才可以。其实空气分布并不均匀，也不透明，所以就算用了更大倍数的望远镜也无法非常清晰地看到它们。这就使得天文学家们不得不在空气清澈的山顶上建设天文台。

3.12 与地平线相接的月亮和星星

一般的观测者都会知道，一轮满月在与地平线相接时会比它悬在高空时的尺寸大很多，这个现象很多人都注意到了。太阳也是一样：很多人都知道，太阳与太平线相接升起或降落的时候，与正午时高挂在空中的太阳相比，尺寸要大很多（对没有云层遮掩的太阳进行直接观察对眼睛非常有害）。

对于星星的情况是：当星星与地平线相接时，各星之间的距离仿佛加大了。冬季时，美丽的猎户星座（或夏季的天鹅星座）在与地平线相接与它高挂在高空时的尺寸相差很多，这一特点使得见过这一现象的人为此感到非常吃惊。

当星体在地平线上升起或下落时，它其实距离我们更远了（超出地球半径的长度），而不是更近了，这让观测这一现象的人感到匪夷所思。看过图 3-14 你就明白了，我们看头顶上的星体时是站在 A 点处观测的，而如果看地平线上的星体时，我们是站在 B 点或 C 点观测，可不管是月亮、太阳还是星星，为什么它们与地平线相接时，虽然离我们距离更远了，却显得尺寸更大了呢？

你可能认为这种说法是错误的。其实之所以看到的现象比它与实际不符，是因为这只是一种错觉。这一点用钉耙测角仪或其他测角仪都可以证明，与地平线相接的月亮和高悬在夜空中的月亮视角相同，都是半度的视角。所以说，不管星座处在高空中还是地平线上，星座间的角距都是相同的，之所以人们会觉得它们变大了，那只是一种光学错觉而已。这一点由钉耙测角仪或"阿科夫

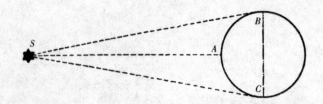

图 3-14 星体处在地平线上时为什么比它高挂当空时离观测者更远

测角仪"都能证明。

为什么会有这样严重而普遍的视觉的错觉呢？据说从托勒密（古希腊天文学家——译者注）时代开始，两千年来人们都想解答这个难题，可到现在也没有一个让人满意的答案。下面的这个说法和错觉有关：我们看到的天穹是一个截球体，而不是半球体。它的高度比底面半径几乎小一半或三分之二。因为如果我们的头部和眼睛处于平常的位置，这时就会感觉所有水平方向或接近水平的距离大于垂直方向的距离，我们观察水平的物体时，会用"直视"的目光，而要看上方或其他方向的物体时，我们就要抬起或放低目光去看。如果我们观察挂在夜空中的月亮时是仰卧在平地上观察的，那么它在我们眼中就会大于它挂在地平线上的尺寸，这个问题让心理学家和生理学家感到棘手：为什么我们眼睛的观看方向能够决定物体可视的尺寸。

从图3-15就可以清楚地看出，外形是扁圆的天穹对于观测在不同位置的星体尺寸大小的影响的情况下，不管月亮是低垂在地平线上（高度为0°）还是高挂在天空中（高度为90°），都能看到天穹上的月面视角为半度。可它在我们的眼中却并不是同样的距离：我们会觉得月亮在高空中时比它在地平线上时离我们更近些。离中心点较近的地方，同样的角度，可以容下的圆和离中心点远的比起来要小些。如图3-15（左）所示，星星离地平线越来越近，它们之间的距离反而更远了：它们之间的角距看上去也有了变化。

注意：你可能非常欣赏地平线上巨大的月亮，与此同时，你有没有发现一些当它高挂在夜空中时所没有发现的新的线纹或斑点？没有。可挂在地平线上的这个月亮明明是变大了的。为什么没有什么新发现呢？因为我们观测月亮时的视角并没有出现用望远镜观测事物时的那种放大，想要发现什么细微之处，要通

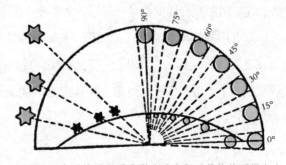

图3-15 扁圆的天穹严重影响了我们对星体的可视大小

过视角增大才能实现，其他任何的所谓"放大"都只是一种视觉的错觉而已，没有任何的实际意义[①]。

3.13 气球的影子

有这样一个运用视角解题的例子：可以对物体在空间中形成的阴影的长度的问题。比如，月球在宇宙空间投下了一个一直与之相随的圆锥形的阴影。

那么这个阴影会绵延到多远呢？

其实这个计算不必根据三角形的相似关系列出一个太阳和月球直径以及太阳和月球之间距离的比例式，用一个非常简单的比例式就可以计算出来。如果你从月亮圆锥形阴影末端的点上，也就是圆锥的顶端观测月球，会看到什么？是一个遮住了太阳的黑色圆盘。我们这时的视角是半度，看到的月球或太阳非常清楚。观测者在半度视角下看到的物体离自己相距为物体直径的 $2 \times 57 = 114$ 倍。也就是说月亮圆锥形阴影的顶端和月球的距离为 114 个月球直径的距离，所以月球阴影长为：

$$3\,500 \times 114 \approx 400\,000 \text{ 千米。}$$

这个阴影的长度非常长，稍长于从地球到月球的平均距离，所以才会有发生日全食的时候（这时地球一部分表面会被阴影笼罩）。

还可以轻松计算出地球阴影在宇宙空间的长度：地球直径是月球直径的多少倍，地球阴影的长度就是月球阴影长度的多少倍，这个数值约为 4 倍。

计算更小的物体在空间内的阴影长度时也可以用这个方法。比如说把一个气球充满气后成为一个球体时，它投射出的锥形阴影会延伸出多远。已知平流层气球直径是 36 米，由此可计算出它的阴影长度（锥体阴影顶部的角度为半度）：

---

①在莱利曼的《趣味物理学》续篇第九章中对此有详解。

$36 \times 114 = 4\,100$ 米或 4 千米左右。

以上都是指全影的情况，而不是半影。

3.14 云和地面的距离

你还记得曾经看过飞机在蔚蓝的天空中留下一条长长的、弯弯曲曲的白色线带？这就是飞机留给天空的礼物，纪念它曾经飞过天空。

雾气很容易在寒冷潮湿、布满尘埃的空气中形成。

飞机在飞行途中会不断喷射出微小的颗粒，它们是发动机在工作的时候制造出来的，这些小颗粒能把水蒸气聚在一起，聚集得多了就产生了云。

如果能在这条云带消散之前确定出它的高度，就可以知道飞行员驾驶着飞机在天空中攀升到多高的高度了。

题 如果你要测高的这片云不在你的头顶上，那么它的高度该怎样确定呢？

解 有普通照相机帮忙，就能测定云的最大高度，虽然相机曾经是非常复杂的仪器，但现在它已经非常普及，并且人人都能熟练地使用它。

要对云的高度进行测量就要用到两架焦距相同的照相机（在镜头上都可看到它的焦距）。

找两个高度基本相同的高处分别安放好这两架照相机。

如果在旷野上放置相机，可以架设三脚架，如果在自己家里，可以把相机架在房顶的阳台上。安置两架照相机时要使它们的间距为在两处的观测者用眼睛或望远镜能相互看到对方为宜。

这段距离称为基距，可由地图或地形平面图计算得出。两架照相机的放置地点也是有讲究的，要使它们的光轴相互平行，比如可以把它们都对准天顶。

图3-16 两张云朵的对比示意图

当从照相机镜头的视野中观察应摄目标时，一名观测者可以向他的同伴发信号示意，比如挥手帕等动作。同伴看到信号，两人这时才可以同时进行拍摄。

洗印出的照片尺寸应当与底片尺寸是相同的，找到照片的对称中心，用直线 YY 和 XX 把它们连接起来（图3-16）。

然后在照片上的云朵上选出云中的同一点并做好记号，计算出它们和 YY 和 XX 之间的距离，分别用 x_1，y_1 和 x_2，y_2 表示这两段距离。

如果照片上标记的点处在 YY 直线的不同侧面（图3-16），一张在左，一张在右，云的高度 H 则可列算式得出：

$$H = b \times \frac{F}{x_1 + x_2},$$

算式中 b 为基距长度（单位为米），F 是焦距（单位为毫米）。

如果所标记的点都在 YY 直线的同一侧面，要计算云的高度可列算式得出：

$$H = b \times \frac{F}{x_1 - x_2}。$$

其实不需要 y_1 和 y_2 的距离就能计算出云的高度，但如果对两者作比较，可以确定照片拍摄的准确程度。

如果这两张照片的底片在胶卷盒中安装得非常紧密，而且非常对称，那么照片中 y_1 和 y_2 的距离应该是相等的。但其实它们并不完全相同。

比如说如果在照片原片上从有标记的云点到 YY 和 XX 直线的距离为：

$x_1 = 32$ 毫米，$y_1 = 29$ 毫米，

$x_2 = 23$ 毫米，$y_2 = 25$ 毫米。

镜头焦距 F 为135毫米，两架照相机的距离（基距）$b = 937$ 米。

从照片中可以看出，可由以下算式测定云的高度：

$$H = b \times \frac{F}{x_1 + x_2}$$

$$H = 937 \times \frac{135}{32+23} \approx 2\ 300\ \text{米}。$$

也就是说，所拍摄的云朵距离地面 2300 米。

如果你有兴趣想要好好研究一下云层高度的计算方法，可以参考图 3-17 的示意图。

把图 3-17 看成是一幅空间想象图（立体几何学是几何学的分支，研究它的时候非常有必要研究空间的概念。）

图形Ⅰ和图形Ⅱ都是照片底片图，F_1 和 F_2 在是照相机镜头的光中心；N 是云上被观测的点；n_1、n_2 是 N 点在底片上形成的图像；a_1A_1 和 a_2A_2 是从每张底片的中心向云层平面划出的竖直线；$A_1A_2 = a_1a_2 = b$ 就是基距。

F_1 是光心，从 F_1 向 F_1A_1 方向移动至 A_1，再从 A_1 点平等移动到直角 A_1CN 的顶点 C 点，再从点 C 移动至点 N，则可以得到线段 F_1A_1、A_1C 和 CN，它们在照相机里的分别相当于线段 $F_1a_1 = F$（焦距），$a_1c_1 = x_1$ 和 $c_1n_1 = y_1$。

对第二架照相机也运用同样的方法分析。

根据相似三角形的原理得出：

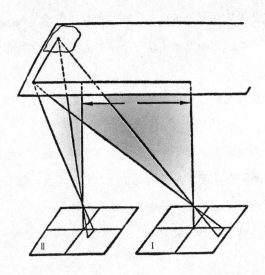

图 3-17 两架照相机对准天顶放置时拍摄出的云层底片上云中的被观测点

$$\frac{A_1C}{x_1} = \frac{A_1F_1}{F} = \frac{CF_1}{F_1c_1} = \frac{CN}{y_1}$$

和

$$\frac{A_2C}{x_2} = \frac{A_2F_2}{F} = \frac{CF_2}{F_2c_2} = \frac{CN}{y_2}$$

把这两个比例式相比较，你会发现 A_2F_2 和 A_1F_1 是相等的，另外：

$y1 = y2$（这就说明了拍摄的正确性），

$$\frac{A_1C}{x_1} = \frac{A_2C}{x_2},$$

即从示意图中得知的信息却是 $A_2C = A_1C - b$，

所以，$\dfrac{A_1C}{x_1} = \dfrac{A_1C - b}{x_2}$，

即 $A_1C = b \times \dfrac{x_1}{x_1 - x_2}$，

最后得出：$A_1F_1 = b \times \dfrac{F}{x_1 - x_2} \approx H$。

n_1 和 n_1 是 N 点在底片上的图像，如果它们处于 YY 直线的不同侧，这就说明 C 点处在 A_1 和 A_2 点之间，那么 $A_2C = b - A_1C$，由此可计算出云的高度为：

$$H = b \times \frac{F}{x_1 + x_2}。$$

但这两个公式只有把照相机的光轴对准天顶的时候才适用。如果云层离天顶太远，照相机又无法把它拍摄进去，那么你就要调整照相机的位置（在光轴保持平行的情况下），比如说水平状态下使照相机垂直于基距或沿着基距的方向，对准目标。

在这之前，应该先把照相机的每个位置用相应的图表示出来，由此推导出计算云高的公式。

比如说在晴天观测云朵时，经常会出现非常明显的微白色高空卷层云。这种情况下，你每隔一会儿就要对云的高度进行几次测量，假如你测出云层正在不断降低，那就说明要变天了，一会儿可能会有降雨。

看到天空中的热气球，可以给它们拍几张照片，试着计算一下它们的高度。

3.15 塔的高度就藏在它的照片中

我们已经知道，云朵和飞行着的飞机的高度都可以借助于照相机测定出来，其实照相机的用处非常大，它还能测算出地面上的建筑物，如铁塔、电线杆、大楼的高度。

如图 3-18 所示，照片上是一个风力发动机。这个塔的基座是四方形的，假设我们已经实地测量出这个正方形的边均为 6 米。

那么现在你就可以根据在照片上的测量结果计算出这个风力发动机的高度了。

图 3-18 风力发动机

这个风力发动机的形状和它在照片上的几何图形形状非常相像，所以照片上的风力发动机的塔高和底边的对角线之比都和实物的是一样的。

经过对照片的测量得出：底边的对角线长为 23 毫米，塔高为 71 毫米。

已知塔的底座四方形边长为 6 米，可以由此计算出底边对角线为：

$$\sqrt{6^2+6^2}=6\sqrt{2}\approx 8.48 \text{ 米}。$$

所以 $\dfrac{71}{23}=\dfrac{h}{8.48}$

得出：$h=\dfrac{71\times 8.48}{23}\approx 26 \text{ 米}。$

这种计算方法并不适用于任何照片，只有那些图像比例没有变形的照片才可以这样计算（一些经验不足的摄像师拍出来的照片经常会出现变形的情况）。

3.16 自习题

请你运用本章节所讲述的知识解答下列题目:

你在 12' 视角下看到一个中等身材的人 (1.7 米)。计算出他离你有多远。

你在 9' 视角下看到一个骑在马上的人 (高 2.2 米)。计算出他离你有多远。

你在 22' 视角下看到远处的一根电线杆 (高 8 米)。计算出它离你有多远。

你在视角为 1° 10' 下，从一艘船上看到一座高 42 米的灯塔，计算出灯塔离有多远。

从月球上看地球视角为 1° 54'。计算出月球离地球有多远。

站在距离一座大楼 2 千米处对它进行观测，视角为 12'，计算出大楼的实际高度。

在视角 30' 下从地球观测月球，已知地球距离月球为 380 000 千米。计算出月球的直径。

要使教室里的学生看黑板上的老师写的字都像看到课本里的字母一样清楚，那么教师在黑板上应该写多大的字 (眼睛和课本距离为 25 厘米，课桌离黑板距离 5 米)？

直径为 0.007 毫米的人体细胞，用一台 50 倍的显微镜能看清楚它吗？

假设月球上有人，且和我们身高相同，那么要使用放大多少倍的望远镜才能在地球上看清他们？

一度中有多少"密位"？

一"密位"里有多少度？

一架飞机在垂直于我们观测的方向飞行，10 秒钟飞过了 300 "密位"的角度。如果飞机和你的距离是 2000 米，那么飞机的速度是多少？

第 **4** 章

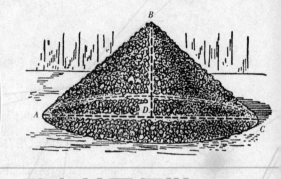

路上的几何学

4.1 用脚步测量距离

当你漫步在郊外时，经常会不知不觉走到铁路路基或公路上，这样的地方，也蕴藏着许多几何学方面的知识。

首先，你在公路上行走时，可以尝试着测量一下自己的步长和步行的速度。测量出来后，你以后就可以随时用自己的步长测量距离了。这个技巧非常简单，只要经过短时间的练习，你就可以熟练地掌握它。这个技巧最重要的就是走路的时候要注意保证迈出的每一步距离大约相等。

在公路上做这个测试时，每隔 100 米要做一个标记：用均匀的步伐走过这样 100 米的距离，记录自己所走的步数，这样你的平均步长很容易就可以计算出来了。这样的测量每年都要进行，因为每个人的步长都不一定是一成不变的。

在这里，有一个经过多次测量得出的比例：一个成年人的平均步长，大约等于这个人的眼睛到地面的距离的一半。比如说一个人的眼睛到地面的距离为 140 厘米，那么他的步长约为 70 厘米。如果你觉得这个测试很有意思，可以自己测量验证一下。

除了步长外，还有步行速度，就是每小时能走多远的距离，这个数据是非常有用的。下面有一个定则，平时可以拿出来用一下的：在 3 秒钟内你能走出几步，那么你在一小时内就能走多少千米；比如说在 3 秒钟内迈出了 4 步，那么一个小时就能走出 4 千米。但想用这个定则，必须首先知道步长。计算步长的方法非常简单：设步长米数为 x，3 秒内的步数为 n，由此可列方程：

$$\frac{3600}{3} \times nx = n \times 1000$$

所以

$$1200x = 1000,$$

得出

$$x = \frac{5}{6}\text{米}。$$

通过计算得出步长为 80 ～ 85 厘米，这样的步伐比较大，一定是个子高的人的步伐。如果你的步长不是 80 ～ 85 厘米，你还可以用其他方法计算一下自己的步长：比如说记录下走过两根路标杆的时间和距离，从而计算出自己的步长。

4.2 目测法

测量距离时如果不用卷尺和步测法测量距离，而是采用直接目测的方法估算出距离，这是多么让人兴奋的事啊。这样的本领只能通过反复练习才能拥有。我小上学的时候，夏天和同学一起到郊外游玩，经常会做这样的游戏。渐渐地，这种游戏成了一项非常有意思的运动，后来我们还以这项运动举行过精确目测的比赛。走在路上时，会用眼睛盯着路边的大树或是远处的别的物体，比赛就是这样开始了。

参赛的一个同学问："到那棵树走多少步？"

其他同学进行目测后都说出自己估计的步数，然后大家就用脚步实际测量一下，看谁目测出的步数和实际最接近，他就胜利了。然后胜利者再指定下一轮比赛目测距离的物体。

比别人目测准确的人可以得到 1 分。这样的比赛进行十轮，然后统计一下分数，分数最高的人就是本次比赛的获胜者。

起初进行这样的目测时，我们的估算经常错得非常离谱。但慢慢地，我们掌握了一些目测距离的技巧，一段时间后，我们目测的距离就越来越准了。只有周围环境出现剧烈变化，如从旷野走进树林或一些长满灌木的林中，或者从这里再来到狭窄拥挤的城市街道，也或者在黑夜中时，我们的目测误差才会大一些。但经过反复练习，我们可以在各种环境下都目测得非常准确了。最后，我所在的小组目测距离的技巧已经非常娴熟精准，自此之后，我们就不再玩这个游戏了，因为大家都能目测得准确无误了，这个游戏就没有意思了。但我们大家都练就了准确的目测距离的好本领，它在我们平时的野外郊游中给了我们很大的帮助。

有一件事你可能会觉得非常有意思，目测距离的能力好坏并不受视觉敏锐度的影响。我所在的小组里有一个男孩儿，他的眼睛是近视，但他目测距离也非常精准，一点也不比别的同学差，还有一次赢得了比赛。还有一个男孩儿，他的视力非常正常，可他的目测本领却非常差。后来我发现大树的高度也可以目测。

后来，我和大学同学也在一起练习过目测高度，但这次并不像小时候的做游戏了，而是为了日后的工作做准备。我这时发现，眼睛近视的人目测的本领一点也不比别人差。这让这些近视的人感到非常欣慰：虽然他们的视力不像别人那样敏锐正常，但他们一样能练就目测距离的本领。

目测距离的本领在任何季节、任何环境下都能练习。走在路上时，你可以给自己出几道目测距离的题目，尝试着目测一下，到最近的路灯或是其他物体要走多少步。如果走在路上时觉得很无聊，这个方法可以让你觉得走在大街上时也能有很有意思的事。

目测距离是军人非常重视的本领，不管是侦察兵、射手还是炮手都需要有非常好的目测距离的本领，他们在目测距离的实践中会用到很多很有意思的方法，来看一下炮兵教程的内容：

可以根据目测物体的清晰程度或者人在 100～200 米外看到物体越远越小这个规律来测定物体和自己之间的距离。在这里需要注意的是：物体被照亮的情况，它的颜色比周围或水面有鲜明反差的情况，物体比其他物体位置高的情况，和单个物体比较成群的物体的情况，以及一些比较突出的物体，这些情况下，物体在感觉上会显得大一些。

以下数据可供参照：距离目测物体 50 步以内时，能够辨清人的眼睛和嘴；距离目测物体 100 步时，人的眼睛就成了两个黑点；距离目测物体 200 步时，

图 4-1 那棵藏在土丘后面的树显得
离自己很近

图 4-2 爬上土丘后才知道，那棵树
距离自己比目测的远

可以辨认军服上的纽扣和饰物；距离目测物体 300 步时，能看清人脸；距离目测物体 400 步时，能看到人在迈步；距离目测物体 500 步时，能分辨清楚军服的颜色。

就算有了数据的参考，哪怕你的眼睛再敏锐，目测距离时仍然会有 10% 的误差。有时误差还会非常大：一些颜色完全一样，平坦光滑的地方，比如河流或湖泊平静宽阔的水面，宽广的平原，空旷的田野，目测这样的地方时，经常感到实际距离会很大，这时的目测误差甚至会达到一倍或更多。还有一种情况，就是目测物体的下部被铁路路基或小山丘等物体遮挡住，在这种情况下目测时就被感觉目测物体不是在高台后面，而是在它上面，然后，目测距离就会小于实际距离（图 4-1 和图 4-2）。

4.3 坡度

走在铁路路基上时，经常能看到一标示着千米数的里程标，还有一些矮桩，上边还斜钉着一些小木牌，木牌上写着一些让人看不懂的数字（图 4-3）。

图 4-3 坡度标志

这些钉着小木牌的矮桩就是"坡度标"。例如图中左边的牌子上，数字 0.002 代表的是此处的铁路坡度（木牌的倾斜标示着坡向）是 0.002，也就是说这一段路的铁轨每 1 米就会升高或降低 2 毫米。下面的数字 140 表示这段路的坡度会延续 140 米的距离长度，到那个地方后，会有新的坡度的标志牌。图中右侧的坡度标上写着 $\frac{0.006}{55}$，这就是说前边的 55 米距离中，每一米铁轨升高或下降了 6 毫米。

坡度标的含义大家都懂了，那么铁路上标牌的相邻两个点之间的高度差很容易就能计算出来。第一块木牌上的高度差为：

$$0.002 \times 140 = 0.28 \text{ 米},$$

第二块木牌上的高度差为：

$$0.006 \times 55 = 0.33 \text{ 米}。$$

铁路路基的坡度数值在实际工作中并不是用度这个单位来计算的。但要把这些坡度标志换成度数也是很简单的。比如 AB（图 4-3）是铁路线，BC 为点 A 和点 B 的高度差，那么铁路线 AB 和水平线 AC 间的坡度比例为 $\frac{BC}{AB}$。由于角 A 非常小，所以可以把 AB 和 AC 看成是一个圆的半径，而 BC 则是这个圆的一段弧①，如果的值知道了，那么就可以计算出 A 角就非常简单了。比如坡度为 0.002，那么当弧长为半径的 $\frac{1}{57}$ 时，角度则为 1°（图 4-3）；那么与半径的 0.002 的弧长相符的角度是多大呢？假设这个角度为 x，列出比例式：

$$x : 1° = 0.002 : \frac{1}{57}$$

$$\text{所以 } x = 0.002 \times 57 \approx 0.11°$$

---

①有的人可能这样认为，坡的长度 AB 与水平线 AC 不可能相等，但你要知道一点，BC 只是 AB 的 0.01，AC 和 AB 之间的长度差非常小。根据勾股定理可得：

$$AC = \sqrt{AB^2 - \left(\frac{AB}{100}\right)} = \sqrt{0.9999AB} \approx 0.99995AB$$

两者长度仅差 0.00005。若是计算时只求近似值，那么这样的误差大可以忽略不计。

也就是说，这个角度约为 7′。

在铁路上，只允许有角度非常小的坡度。一般铁路规定最大的坡度不能超过 0.008，把它换算成度数就是 0.008×57，小于 $\frac{1}{2}°$。在外高加索的山区铁路坡度破例允许达到 0.025，也就是 $1\frac{1}{2}°$。

这样微小的的坡度我们是觉察不出来的，一个徒步行走的人，他脚下地面的坡度只有超过 $\frac{1}{24}$ 时才会有所感觉，换算成度数是 $\frac{57}{24}°$，就是 $2\frac{1}{2}°$。

如果你沿着铁路线走几千米，把经过的坡度标都一一记录下来，就能根据这些数据计算出，你走的这段路坡度升高或降低了多少，进而计算出你的起点和终点之间的高度差。

沿着铁路路基往前走，起点处有一个坡度标，上面注着：$\frac{0.004}{153}$，在行走的过程中又经过了几个坡度标：

平①	升	升	平	降
0.000	0.0017	0.0032	0.000	0.004
60	84	121	45	210

你在下一个坡度标前停下脚步，那么你一共走了多远距离，你路过的第一个坡度标和最后一个坡度标间的高度差是多少？

走过的路程：

$$153 + 60 + 84 + 121 + 45 + 210 = 673 \text{米}$$

你随铁路路基升高的高度：

$$0.004 \times 153 \times 0.0017 \times 84 + 0.0032 \times 121 \approx 1.15 \text{米}$$

降低的高度：

$$0.004 \times 210 = 0.84 \text{米}$$

你在终点比起点高出：

$$1.15 - 0.84 = 0.31 \text{米} = 31 \text{厘米}。$$

---

① 0.000 是指这段路线系水平，没有坡度。

4.4 一堆碎石

喜欢研究户外几何学的人会注意到公路边的碎石。面对着这样一堆碎石，你可以问一下自己这堆碎石的体积是多少？接下来你就会发现这是一道对于非常精于解算数学难题的人来说都非常伤脑筋的几何题。需要计算的是一个圆锥体的体积，但它的高度和底面半径却无法直接测量出来。但我们可以用一些间接方法来找出它的一些数据。用软尺或绳子量出底面的圆周长度，将长度除以[1] 6.28（2π），半径就得到了。

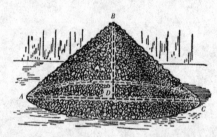

图 4-4 计算碎石堆的体积

高度的计算方法有些复杂：先要把侧面 AB 测量出来（图 4-4），或者应该像修路工人一样量出两侧的侧高线 ABC（把软尺甩过石堆顶部），底面半径已经得到，再根据勾股定理算出石堆的高度 BD。计算下面这道题。

一个圆锥形的碎石堆，底面周长为 12.1 米，两侧侧高线是 4.6 米，计算出这个碎石堆的体积。

碎石堆底面半径为：

$$12.1 \times 0.159（不是 12.1 \div 6.28）\approx 1.9 米$$

碎石堆高：

$$\sqrt{2.3^2 - 1.9^2} \approx 1.2 米，$$

---

[1]在实践中求直径时，经常会把除法改成乘法，就是乘以除数的倒数 0.318，在求半径时，就是乘以 0.159。

碎石堆的体积：

$$\frac{1}{3} \times 3.14 \times 1.92 \times 1.2 \approx 4.5 \text{ 立方米}$$

4.5 "骄人的土丘"

每当看到一些碎石堆或沙滩，都能让人不知不觉地想起普希金的著作《吝啬骑士》中讲述的东方古老民族的传说：

"记得，在哪本书里头读过：

有个皇帝，有一天命令全军将士，

一人抓把土堆成一堆，

结果是高高的山岗拔地而起——

皇帝站立山头，心旷神怡朝下望：

山谷间是白色的穹庐万帐，

海面上是竞发的千帆。"①

这个传说是人们很少听说过的，它听上去真实，但却毫无科学道理。我们可以用几何学来证明这一点，如果一位君主想要学着试一试，那么结果一定会让他大失所望：出现在他眼前的只会是一堆堆的小土包，任由你再有想象力，也不可能把它说成是传说中的"骄人的土丘"。

我们估算一下，古代的皇帝有多少士兵呢？那时候的军队不像今天的军队人数如此庞大。如果一个大军有十万人马就算很壮观的了。那我们就当它是这个数目吧，就是说，一个土丘是用100000把土堆成的。你可以试着抓一把土填进杯子里，当然它不可能填满整个杯子。假设古代士兵抓起的一把土体体积为$\frac{1}{5}$升（1升 = 1000立方厘米）。所以土丘的体积为：

---

①普希金著作《吝啬骑士》，选自普希金戏剧集，戴启篁译。广西：漓江出版社，1982年。译者注。

$$\frac{1}{5} \times 100\,000 = 20\,000 \text{ 升} = 20 \text{ 立方米。}$$

也就是说，这个土丘只是个体积是 20 立方米的圆锥体土堆。这样的体积真是让人大失所望。接下来求出土丘的高度。这就需要知道这个圆锥体的侧高和底面的角度。在这里，我们可以认为这个角度和自然形成的坡度相等，都是 45°：由于高处的土会滑落下来（平缓的角度才是最合理的角度），所以再大的坡度理论上讲是不可能的了。由这个角度得出，这个圆锥体的高等于它的底面的半径：

$$20 = \frac{\pi x^3}{3},$$

所以：

$$x = \sqrt[3]{\frac{60}{\pi}} \approx 2.7 \text{ 米。}$$

那些想象力丰富的人，才会把一个只有 2.7 米高（人体高度的一倍半）的土堆称为"骄人的土丘"。如果这个土堆坡度更平缓一些，那它的高度就更不值一提了。

历史上，君主阿提拉拥有的军队人数最多。据史学家估算，他的军队有七十万人之众。如果这些人都来抓把土建造土丘，那这个土丘也不会有多高：因为土丘的体积比我们计算的大 6 倍，那么它的高度就比我们计算的土堆高度大 $\sqrt[3]{7}$ 倍，就是 1.9 倍。所以土堆的高度是：

$$2.7 \times 1.9 \approx 5.1 \text{ 米。}$$

阿提拉那样爱慕虚荣，这样小的一个土堆恐怕难以让他感到满意。

在这样的高度是可以看到"山谷间是白色的穹庐万帐"，但是想观海，就没什么可能性了。

关于在多高的高度能看多远的距离的问题，我们在第六章中共同学习研究。

4.6 公路的弯道

不管是铁路还是公路，转弯的地方都是和缓的弧线，不会是急转弯，这条弧线一般都是圆的一部分，它的位置使道路的直线部分成了弧的切线。如图4-5所示，弧线 BC 把公路上的 AB 和 CD 两段连接了起来，使得 AB 和 CD 在 B 点和 C 点与这条弧线相切，就是说 AB 也构成了直角。这条弧线的存在就是为了使路从直线方向平缓地转向曲线部分，再转向直线部分。

一般情况下，弯道的半径都是比较大的，铁路的弯道半径大于600米，铁路干线上一条普通的弯道半径都有1000米甚至2000米。

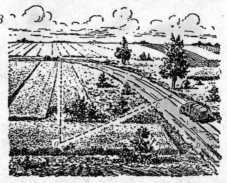

图 4-5 公路上的弯道

4.7 弯道半径

你可以站在弯道附近测出弯道的半径吗？这个问题可不简单，它不像在纸上解几何题上的弧线半径那样，你可以作两条任意的弦，从它们的中心各作一条垂线，垂线相交的点就是圆弧线的圆心，它离弧线上任何一点的距离就是未知的半径长度了。

但在现场测定，要做这样的图就太难了，因为弯道的圆心有可能距离公路1～2千米远，当然也可以画一张平面图，但这也是件困难的事。

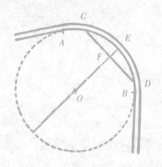

图 4-6 弯道半径的几何示意图

在这里，如果采用计算半径的方法，问题就简单多了。假设 AB 为一个圆的弧，并把它所在圆的圆心画出来（图 4-6）。连接弧上任意的两点 C 和 D，测量出 CD 弦的长度和"矢" EF 的长度（弓形 CED 的高度）。由这两个数据，就可以很轻松地计算出半径的长度。可以把直线 CD 和圆的直径看成是两条相交的弦，用 a 来表示弧的长度，h 表示矢的长度，R 为半径，列出算式：

$$\frac{a^2}{4} = h\,(2R - h)，$$

所以：

$$\frac{a^2}{4} = 2Rh - h^2，$$

得出半径为：$R \approx \dfrac{a^2 + 4h^2}{8h}$

如果矢为 0.5 米，弦为 48 米，则未知半径为：

$$R = \frac{48^2 + 4 \times 0.5^2}{8 \times 0.5} = 580 \text{ 米}$$

在这里，h 相对于 R 来说，是非常小的（R 为几百米，h 只有几米），可以忽略不计：$2R - h = 2R$，所以这个算式可以简化成：

$$R = \frac{a^2}{8h}。$$

把这个公式代入刚才求解的算式中，可以得出：

$$R \approx 580 \text{ 米}。$$

计算出了弯道半径的长度，又知道弯道曲线中心处在穿过弦中心点的垂线上，现在就可以确定这段弯道曲线的中心位置在什么地方了。

计算铁路的弯道半径时，如果铁路路基都铺上了铁轨，计算方法就简单多了。你只要把一根绳子顺

图 4-7 铁路弯道半径的计算方法

着内侧铁轨相切的切线拉直，就得到了外侧铁轨弧线的弦，两条铁轨间的距离就是弦的长度 h（图 4-7），假设轨距为 1.52 米，那么弯道半径（如果 a 是弦的长度）就是：

$$R = \frac{a^2}{8 \times 1.52} \approx \frac{a^2}{12.2}$$

如果 $a = 120$ 米，则弯道半径约为 1200 米[①]。

4.8 辽阔海底

也许你会感到意外，刚才还在讲铁路弯道，一下子就跳到了海底，其实你不必惊奇，这两个题目在几何学中是有着紧密联系的。

我们这里提到的海底，它的弯曲度和洋底的形状是凹凸不平的底面。也许你会觉得奇怪，大洋底难道不是一个一直延伸到地球中心的深渊吗？其实它不但不是一个深渊，反而是凸起来了。

大洋是无边无际的，它的边远比它的底要宽阔得多，大洋其实就是一个辽阔的水层，随着地球表面略呈弯曲。

以大西洋为例吧。它接近赤道部分的宽度几乎是赤道全周的六分之一。假设图 4-8 中的圆周（图中只画了一部分）是赤道，那么弧线 ACB 就是大西洋的水面，假定它的底是平坦的，那么它的深度就是弧的矢 CD，已知弧线 AB 是圆周的 $\frac{1}{6}$，那么弦 AB 就是这个圆的内接正六边形的一条边（圆的内接正六边形的边等于这个圆的半径），前边计算公路弯道半径的公式在这里同样是适

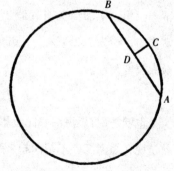

图 4-8 大洋底是平坦

---

①由于弯道半径非常大，测量弦的绳子需要非常长，所以此方法在实际应用中会有不便。

用的, 由此可计算出 CD 值为:

$$R = \frac{a^2}{8h}。$$

得出:

$$h = \frac{a^2}{8R}$$

已知 $a = R$, 那么:

$$h = \frac{R}{8}。$$

已知地球半径 $R = 6\ 400$ 千米, 所以:

$$h = 800\ 千米。$$

所以, 如果大西洋的底面是平坦的, 那么它的最深处为 800 千米。但实际上它却不到 10 千米, 所以说大西洋底总的形状是凸起的, 只是弯曲的程度比平静水面略小罢了。

其他的海洋也是一样: 它们的底部也是凸起的, 但几乎没有影响到地球的球体形状。

由计算弯道半径的公式可以看出, 水域越辽阔的海洋, 它的底面凸起度就越大。由公式 $h = \frac{a^2}{8R}$ 可以看出, 大洋海面阔度 a 增加, 海底的深度 h 就会越大, 而阔度 a 则是成平方地增加。一个小水域变成一个辽阔的水域, 它的深度并不会增加太多。比如说大洋要比普通的海辽阔 100 倍, 却并不会比海深 100×100 倍, 就是 10000 倍。所以普通的海不像大洋的底那样凸起, 但也算不上平坦。黑海海面有近似 2° (是地球圆周的 $\frac{1}{170}$) 的弧线。黑海的深度非常均匀, 约为 2.2 千米。把弧线和弦相比, 如果它的海底是平坦的, 那么它的最大深度为:

$$h = \frac{40\ 000^2}{170^2 \times 8R} \approx 1.1\ 千米。$$

也就是说, 黑海海底比设想的平面图中的深度要低 1 千米(2.2 − 1.1)左右, 就是说, 黑海海底不是凸起来的, 而是凹下去的。

4.9 "水山" 真的存在吗？

这个问题可以借助计算公路弯道半径的公式的帮助进行解答。

从前面那道题目可以知道，确实存在水山，但不能从物理学的角度去理解这一说法，要从几何学的意义上去理解。其实很一个海或湖泊都可以称之为"水山"。站在湖边时，你的视线会被凸起的水面挡住，使你看不到对岸的一点，湖面越辽阔的情况下，凸起的水面就会越高。这个高度我们可以计算出来：矢的长度可以由公式 $R = \dfrac{a^2}{8R}$ 得出为 $h = \dfrac{a^2}{8R}$。公式中 a 是两岸的直线距离，也就是湖的宽度，假定湖宽为 100 千米，则水山的高度为：

$$h = \frac{10\ 000}{8 \times 6\ 400} \approx 200 \text{ 米。}$$

这座水山竟然那么高！

就连一个阔度只有 10 千米的湖也是个凸起 2 米的水山，都超过了人的高度。

那么我们称凸起的水为"山"妥当吗？

其实这在物理学上是不妥当的，因为这些凸起并没有高出水平面，所以说，

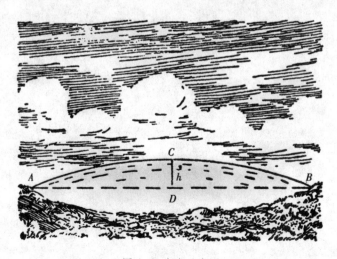

图 4-9 水山示意图

这些凸起只能算是平原。如（图 4-9）所示，不要认为直线 AB 是一条水平直线，弧 ADB 在它之上。其实 ACB 才是水平线，而不是 AB，因为它和静水的表面相重合了。而直线 ADB 则是倾斜的斜线：AD 线朝"地表"下方最深的点 D 点倾斜，接着再重新向上升起，在 B 点从水下浮出来。如果沿着直线 AB 铺设一条管道，从 A 点放进管道里一个球，球就会向下滚动（如果管道壁很光滑），一直滚到 D 点，再从这里滚向 B 点；接着它会再滚回到 D 点，一直到 A 点，就这样周而复始地滚来滚去。这个小球会沿着管道壁永远地滚来滚去（在没有妨碍物体运动的空气存在情况下）。

ACB 看上去像一座山，但在物理学上，它只是一块平地，只有在几何意义上，它才是一座"山"。

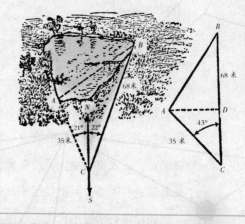

第5章

不依靠公式和函数表的野外三角学

5.1 正弦的计算

我们在这一章里要研究如何不用公式和函数表，只用正弦函数的概念计算出精确到 2% 的一个三角形的边长和精确到 1° 的三角形内角角度。当你在野外郊游时，公式记不全，又没带函数表时就会能到这种简便三角学的计算方法了。鲁滨逊在荒岛上时就经常用到这种三角学。

假设你没有学过三角学或是以前学过但现在忘了，我们可以从这章内容重新学起。什么是直角三角形的锐角正弦？它是锐角的对边和弦长之比，例如，a 角的正弦（图 5-1）$\dfrac{BC}{AB}$，或 $\dfrac{ED}{AD}$，或 $\dfrac{D'E'}{AD'}$，或 $\dfrac{B'C'}{AC'}$。由此可以看出，三角形 $ABC, ADE, AB'C'$ 和 $AD'E'$ 都是相似直角三角形，上述这些比值都是相等的。

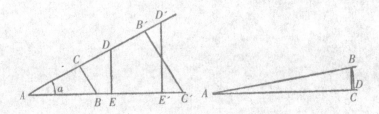

图 5-1 什么是一个锐角正弦函数

从 1° 到 90° 的所有度数的正弦函数值分别是多少呢？这个问题其实非常容易：只要自己画一张正弦函数表就可以了，现在咱们一起来做这个表。

我们可以先来研究几何学中学到的正弦函数角度，90° 的正弦函数等于 1，45° 角的正弦函数可由勾股定理计算出来，为 $\dfrac{\sqrt{2}}{2}$，就是 0.707。30° 角的对边长度是弦的一半，所以 30° 角的正弦函数为 $\dfrac{1}{2}$。这时我们就知道三个角度的正弦函数值了（正弦函数值用 sin 来表示）：

$$\sin 30° = 0.5,$$

$$\sin 45° = 0.707,$$

$\sin 90° = 1$。

只知道这几个角度的正弦函数值还远远不够。还要把中间每隔一度的角度正弦函数值计算出来。计算正弦函数值时，为了减小误差，可以用弧和半径的比来取代对边与弦的比。如（图 5-1 右）所示，$\frac{BC}{AB}$ 和 $\frac{BD}{AD}$ 的值相差非常小，这个差值很容易就能计算出来。如 1° 角所对的弧 $BD = \frac{2\pi R}{360}$，所以 $\sin 1°$ 为：

$$\frac{2\pi R}{360 R} = \frac{\pi}{180} \approx 0.0175。$$

同理可计算出：

$\sin 2° \approx 0.0\ 349$

$\sin 3° \approx 0.0\ 524$

$\sin 4° \approx 0.0\ 698$

$\sin 5° \approx 0.0\ 873$

如果没有误差，这个数值可以一直往下计算，当计算到 sin30° 时，计算出来的数值不是 0.500，而是 0.524，这个误差就有可能是 $\frac{24}{500}$，也就是大约 5% 的误差。虽然野外旅行进行测量计算时不需要十分精确，但这个误差仍然是比较大的。所以用上述方法计算正弦函数值就要找到它允许的极限，我们可以用精准的方法计算出 15° 角的正弦函数值。可以先做一个简单的图（图 5-2）。假定 $\sin 15° = \frac{BC}{AB}$，延长 BC 至 D 点；把点 A 和点 C 连接起来，由此得到两个全等三角形 ADC 和 ABC，还得到了一个与 30° 相等的角 BAD。画一条线段 BE，使它与 AD 垂直，由此得到直角三角形 BAE，角 BAE 为 30°，那么 $BE = \frac{AB}{2}$。在三角形 ABE 中，由勾股定理得出 AE：

$$AE^2 = AB^2 - \left(\frac{AB}{2}\right)^2 = \frac{3}{4} AB^2；$$

$$AE = \frac{AB}{2}\sqrt{3} \approx 0.866 AB。$$

也就是说：$ED \approx AD - AE = AB - 0.866 AB \approx 0.134 AB$。由三角形 BED 计算出 BD：

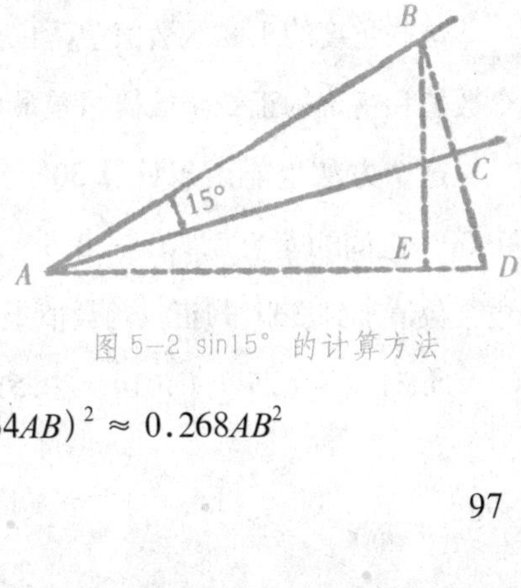

图 5-2 sin15° 的计算方法

$$BD^2 = BE^2 + ED^2 \approx \left(\frac{AB}{2}\right)^2 + (0.134 AB)^2 \approx 0.268 AB^2$$

$$BD = \sqrt{0.268AB^2} \approx 0.518AB。$$

BD 的 $\frac{1}{2}$ 是 BC，所以 $BC = 0.259AB$，所以，15°角的正弦函数值为：

$$\sin 15° = \frac{BC}{AB} = \frac{0.259AB}{AB} = 0.259。$$

如果近似值只取到三位的话，那么 $\sin 15°$ 的正弦函数值就是这个数值。但这是根据以前的方法计算出来的近似值，为 0.262，比较 0.259 和 0.262 这两个数值时，你会发现如果取似近值时只取小数点后两位，那么这两个数值的近似值（0.26）是相等的，在近似值 0.26 取代 0.259 时，出现的误差仅为 $\frac{1}{1000}$，是大约 0.4%。在野外进行测量时这样的误差是完全允许的。所以可以根据这个近似方法求出 1°到 15°的正弦函数值。

利用比例关系，可以计算出 15°到 30°之间各度数的正弦数值，想一下，$\sin 15°$ 和 $\sin 30°$ 之间差为 $0.50 - 0.26 = 0.24$。假设每增加一度，它的正弦值增加的数值就是这个差数的 $\frac{1}{15}$，就是 $\frac{0.24}{15} = 0.016$。这个结果严格来讲的确不准确，但它的误差只在第三位小数点上，而我们只用到两位小数点。所以把 0.016 加到 $\sin 15°$ 的数值上，就计算出了 16°、17°、18°等度数的正弦函数值：

$$\sin 16° = 0.26 + 0.016 = 0.28，$$

$$\sin 17° = 0.26 + 0.032 = 0.29，$$

$$\sin 18° = 0.26 + 0.048 = 0.31，$$

…… ……

$$\sin 25° = 0.26 + 0.16 = 0.42 \ 等。$$

这些角度的正弦函数值前两位小数是准确的，这对我们来说就足够了：这个数值和精确的正弦函数值只差最后第三位小数的一半，就是 0.005。

这个方法也能用于计算 30°到 45°之间度数的正弦函数值，$\sin 45°$ 到 $\sin 30°$ 之间的差为 $0.707 - 0.5 = 0.207$。把这个差除以 15，为 0.014。再把这个数值加到 30°的正弦函数值上，就得到：

$$\sin 31° = 0.5 + 0.014 = 0.51$$

$\sin 32° = 0.5 + 0.028 = 0.53$

… …

$\text{Sin}40° = 0.5 + 0.14 = 0.64$ 等。

现在只差求出 45° 以上锐角的正弦函数值了，在这里，又要用到勾股定理了。例如要求 sin53° 角的正弦函数值，就是 $\dfrac{BC}{AB}$ 的比值（图 5-3）。由于角 B 为 37°，所以可由上述方法计算出它的正弦函数值为 $0.5 + 7 \times 0.014 = 0.6$。另外，我们知道 $\sin B = \dfrac{AC}{AB}$，则 $\dfrac{AC}{AB} = 0.6$，所以 $AC = 0.6 \times AB$。AC 值求出来了，那么 BC 值为：

$$\sqrt{AB^2 - AC^2} = \sqrt{AB^2 - (0.6AB)^2} = AB\sqrt{1 - 0.36 = 0.8AB}。$$

所以

$$\text{Sin}53° = \frac{0.8AB}{AB} = 0.8。$$

总之，只要你会开平方根，就会熟练地进行这样的计算。

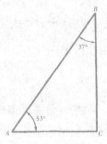

图 5-3 计算 45° 以上度数的正弦函数值

5.2 开平方根

我们在代数课程里学到的开平方根的方法不容易记住，其实不用那些方法也可以开平方根的，在几何学中，有一个被简化了的老办法，就是用除法计算平方根。这个方法比代数课程中讲授的方法更加简便。

假设我们现在要计算 $\sqrt{13}$ 的平方根，它的答案应该在 3 和 4 之间，所以就是 3 与一个分数的和，这个分数我们用 x 来代表。

得

$$\sqrt{13} = 3 + x$$

所以

$$13 = 9 + 6x + x^2。$$

x 是分数，它的平方是一个更小的分数，在取近似值时完全可以忽略不计，所以：

$$13 = 9 + 6x，$$

所以

$$6x = 4，\ x = \frac{2}{3} = 0.67，$$

由此可以看出，$\sqrt{13}$ 的近似值为 3.67。若想把这个平方根计算得更加精确，可以列以下方程式：

$$\sqrt{13} = 3\frac{2}{3} + y$$

在这个方程式中，y 是一个很小的分数，它也许是正数，也有可能是负数，由此得出：

$$13 = \frac{121}{9} + \frac{22}{3}y + y^2。$$

将 y^2 舍去，得出 y 约为 $-\frac{2}{33} \approx -0.06$。所以第二次的近似值为：

$$\sqrt{13} = 3.67 - 0.06 = 3.61$$

还可以用上述方法再求出第三次的近似值。

我们用在代数课程中学到的开平方根的方法计算 $\sqrt{13}$ 的平方根，若只取小数点后两位，数值也是 3.61。

5.3 ┃ 利用正弦值求角度

从 $0°$ 到 $90°$ 之间的所有带两位小数的正弦函数值，我们都可以很轻松地计算出来。现在可以不用函数表就能编制出进行近似值计算用的函数表来。

在这里也要学会倒过来验算函数值的正确与否，这是为了方便地解答一些三角学的题目——已知角的正弦函数值，求出角度。其实这种题目非常简单，如果已知正弦函数值为 0.38，求它的角度。由于这个正弦函数值小于 0.5，所以要求的角度一定是小于 $30°$ 的角，由于 $\sin 15° = 0.26$，所以这个角度又大于 $15°$。现在的任务就是要求出 $15°$ 到 $30°$ 之间的角度，我们在"计算正弦值"一节中介绍过一种方法，可以用这种方法来计算：

$$0.38 - 0.26 = 0.12$$
$$\frac{0.12}{0.016} = 7.5°\ ,$$
$$15° + 7.5° = 22.5°\ 。$$

由此得出，这个角度为 $22.5°$。

再来看这道题目。已知正弦函数值为 0.62，求出它的角度：

$$0.62 - 0.50 = 0.12\ ,$$
$$\frac{0.12}{0.014} = 8.6°\ ,$$
$$30° + 8.6° = 38.6°\ 。$$

所以这个角度为 $38.6°$。

第三个题目：已知正弦函数值为 0.91，求出它的角度（图 5-4）。

这个正弦函数值在 0.71 和 1 之间，可以知道这个角度是在 $45°$ 到 $90°$ 之间的。如图 5-4 所示，假设 $BA = 1$，则 BC 为角 A 的正弦。BC 值已知，所以非常简单就可以求出角 B 的正弦值。

$$AC^2 = 1 - BC^2 = 1 - 0.91^2$$
$$= 1 - 0.83 = 0.17$$
$$AC = \sqrt{0.17} = 0.42$$

现在已知正弦值为 0.42，求出它的角 B 的度数，之后再求出角 A 的度数就简单了。角 $A = 90° - B$。由于 0.42 在 0.26 和 0.5 之间，所以角 B 在 $15°$ 和 $30°$ 之间。由此可以得出：

$$0.42 - 0.26 = 0.16\ ,$$
$$\frac{0.16}{0.016} = 10°$$
$$B = 15° + 10° = 25°\ 。$$

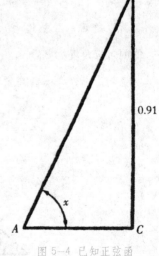

图 5-4 已知正弦函数值求出它的角度

所以，$A = 90° - B = 90° - 25° = 65°$。

现在，这种近似地解出三角学方面题目的方法我们已经完全掌握了，因为对于野外旅行来说，懂得根据角度求解它的正弦值和根据角的正弦函数值求出它的角度就已经足够了。

但只学会一个正弦函数值就足够应付野外旅行了吗？难道在外面用不到余弦、正切等其他三角函数吗？事实的确如此，只要有了正弦函数值，对于我们的野外旅行就足够了，下面我们用实例来证明。

5.4 太阳有多高

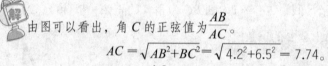

AB 为测量杆，高为 4.2 米，它在地上投下的阴影为 BC（图 5-5），长为 6.5 米。请求出太阳这里在地平线上的高度，也就是 C 角的角度是多少？

由图可以看出，角 C 的正弦值为 $\dfrac{AB}{AC}$。

$$AC = \sqrt{AB^2 + BC^2} = \sqrt{4.2^2 + 6.5^2} = 7.74。$$

所以角 C 的正弦值为 $\dfrac{4.2}{7.74} = 0.55$。用前面介绍的方法可以求出角 C 的正弦值的对应角度为 33°。

也就是说，太阳的高度为 33°，精确度为 0.5′。

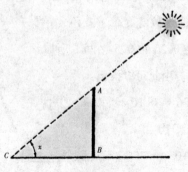

图 5-5 计算太阳在地平线上的高度

5.5 小岛离你有多远

你带着指南针沿着河边走，看到河中的小岛 A（图5-6），这时你想测量一下你所在的河岸 B 点与小岛之间的距离。北南方向线 NS 和直线 BA 构成了一个角度 ABN，你用指南针测定了它的角度值，又量出 BC 的长度，用指南针测出了由 BC 和 NC 构成的角 NBC 的度数。最后在 C 点处也为 AC 直线做了同样的工作，如果你得到了以下几个数据：

BA 线方向向东偏离 NS 线 52°；

BC 线方向向东偏离 NS 线 110°；

CA 线方向向西偏离 NS 线 27°；

BC 长为 187 米。

根据这些已知条件，计算出 BA 的距离。

图 5-6 测定河岸与小岛的距离

三角形 ABC 的边长 BC 为已知条件。那么角 $ABC = 110° - 52° = 58°$；角 $ACB = 180° - 110° - 27° = 43°$。如图5-6（右）所示，在三角形中画出 AC 边长的高 BD，从而得到 $\sin C = \sin 43° = \dfrac{BD}{187}$；由前面介绍过的方法计算出 $\sin 43° = 0.68$。所以：

$$BD = 187 \times 0.68 \approx 127。$$

现在已经计算出了三角形 ABD 的直角边 BD 长度；角 $A = 180° - (58° + 43°) = 79°$，角 $ABD = 90° - 79° = 11°$。由此可得出 $11°$ 的正弦函数值为 0.19。所以 $\dfrac{AD}{AB} = 0.19$。由勾股定理可得：

$$AB^2 = BD^2 + AD^2。$$

公式中的 AD 由 $0.19AB$ 代替，BD 由 127 代替，由此得出：

$$AB^2 = 127^2 + (0.19AB)^2$$

所以，

$$AB \approx 129。$$

所以说，你所在的河岸离小岛距离约为 129 米。

你也可以根据以上方法，计算出 AC 的长度。

5.6 湖的宽度

湖的宽度为 AB（图 $5-7$），要测定它的宽度，要先在 C 点处用指南针测定：AC 直线偏西 $21°$，直线 BC 偏东 $22°$。$BC = 68$ 米，$AC = 35$ 米。由这些已知条件计算出湖的宽度。

已知三角形 ABC 的两条边分别为 68 米和 35 米，其夹角为 $43°$ 角，过 A 作 BC 边长的高 AD（图 $5-7$，右）；我们计算出 $\sin 43°$ 值为 0.68，由图可知 $\sin 43° = \dfrac{AD}{AC}$。所以 $\dfrac{AD}{AC} = 0.68$，$AD = 0.68 \times 35 \approx 24$。下面来计算 CD：

$$CD^2 = AC^2 - AD^2 = 35^2 - 24^2 = 649,$$

$$CD \approx 25.5;$$

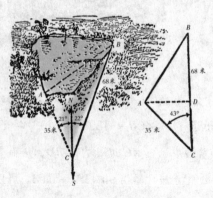

图 5-7 计算湖的宽度

$$BD = BC - CD = 68 - 25.5 = 42.5$$

由三角形 ABD 得出：

$$AB^2 = AD^2 + BD^2 = 24^2 + 42.5^2 \approx 2380$$

$$AB \approx 49$$

所以说湖的宽度约为 49 米。

如果还需要计算三角形 ABC 的其他两个角度，可以在计算出 $AB = 49$ 后，这样求：

$$\sin B = \frac{AD}{AB} = \frac{24}{49} = 0.49,$$

得出角 $B = 29°$。

由三角形内角和为 180° 算出，180° 减去 29° 和 43° 后的第三个角度为 108°。

在我们根据三角形的两条边和它们的夹角解三角形时，可能会发生这种情况：这个角不是锐角，而是一个钝角。如图 5-8 所示，三角形 ABC 中的角 A 为钝角，这和它的两条边 AB、AC 是已知的，这种情况应该这样计算：

过 B 作 AC 上的高 BD，求出三角形 BDA 中的 BD 和 AD；已知 $DA + AC$ 的值，由此计算出 $\frac{BD}{BC}$ 的值，进而计算出 BC 和 $\sin C$ 了。

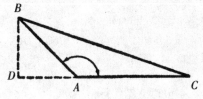

图 5-8 钝角三角形的计算方法

5.7 三角形区

在野外旅行时，找到一个三角形地带，用脚步量出它三边的长，分边为 43、60 和 54 步。试着求出这个三角形的三个角的度数。

这种根据三边长来求解三角形的题目是非常复杂的。但在这里，我们不必求出其他函数值，只要计算出正弦值就可以了，解法如下：

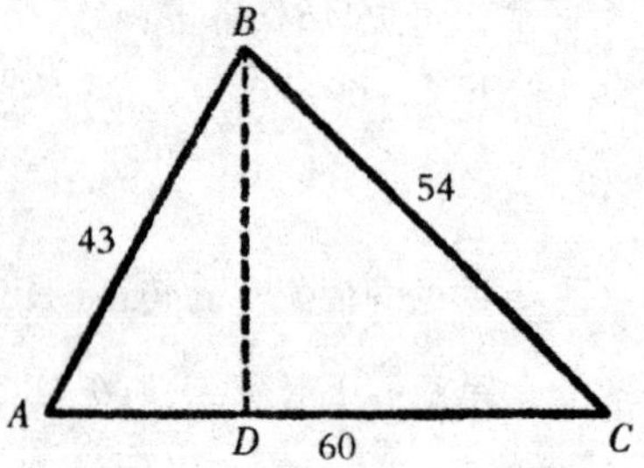

AC 为最长的边，在 AC 上作出三角形的高 BD（图 5-9），得出：

$$BD^2 = 43^2 - AD^2,$$
$$BD^2 = 54^2 - DC^2,$$

图 5-9 用计算法和借助量角器的方法求这个三角形各角的值

所以：

$$43^2 - AD^2 = 54^2 - DC^2,$$
$$DC^2 - AD^2 = 54^2 - 43^2 = 1070。$$

但

$$DC^2 - AD^2 = (DC + AD)(DC - AD) = 60(DC - AD)$$

所以

$$60(DC - AD) = 1070,$$
$$DC - AD = 17.8,$$

由两个算式得出：

$$DC - AD = 17.8,$$
$$DC + AD = 60,$$

所以 $2DC = 77.8$，

则 $DC = 38.9$。

这时高度很容易算出：

$$BD = \sqrt{54^2 - 38.9^2} \approx 37.4,$$

由此得出：

$$\sin A = \frac{AD}{AB} = \frac{37.4}{43} \approx 0.87,$$
$$A \approx 60°$$

$$\sin C = \frac{BD}{BC} = \frac{37.4}{54} \approx 0.69,$$
$$C \approx 40° 。$$

第三个角：

$$B = 180° - (A + C) = 80° 。$$

在这里，如果利用函数表来进行计算，那么它的角度就能达到分秒的精确程度。但这些分秒是不正确的，因为三角形的边长是我们用脚步量出来的，误差在2%~3%。由于我们的初衷就是要用简便方法进行计算，所以要把这里获得的精确值变成整数，从而使它在我们的"野外旅行三角学"中的用处更大。

5.8 不用测量的测角法

去实地测量时，只需要一个指南针、用自己的手指或一个火柴盒就够了。但有时还必须去测量纸上、平面图或地图上的角度。

这个问题用量角器来解决就简单多了，但当你在外旅行时，身上没有带量角器怎么办呢？研究几何学这么久了，对这样的问题应该可以轻松应对的，现在试着解下面的这个题目。

如图5-10所示，图中是一个小于180°的角AOB，请不用测量来确定它的角度。

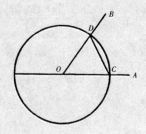

图5-10 用圆规怎样求出角AOB的度数

从 *OB* 边上任意一点对准 *OA* 边做垂线，得到一个直角三角形，测出这个三角形三边的长度，并求出正弦值，再求出这个角度值（参见"根据正弦值求角度"一节）。但题目中要求不能测量。

我们可以用圆规以顶点 O 为圆心，画一个任意半径的圆，把圆与两条线段相交的 *C*、*D* 两点连接起来。

用圆规从圆周的起点 *C* 朝一个方向连续地划出 *CD* 的弦长，直到圆规的一脚与起点 *C* 重合为止。

量弦长的时候，我们要记录一下，在这段时间里，绕圆周多少次和量弦长多少次。

如果我们绕圆周 *n* 次，量弦长 *CD* 有 *S* 次。则角 *AOB* 的度数为：

$$\angle AOB = \frac{360° \times n}{S}。$$

其实如果这个角度包含 *x*°，圆周上量的弦 *CD* 长 *S* 次，我们就把 *x*° 的角度增大了 *S* 倍；但这时圆周也被绕行了 *n* 次，则这个角度应为 360° × *n*，也就是说 *x*° × *S* = 360° × *n*；所以：

$$x° = \frac{360° \times n}{S}。$$

对图 5-10 中的 ∠*AOB*，*n* = 3，*S* = 20，如果你不相信的话，可以用圆规试试看。由此得出 ∠*AOB* = 54°。若手头没有圆规，也可以用大头针或纸条来代替，画一个圆，再用纸条把圆周上的弦长量出来。

 利用上述解法将（图 5-9）中三角形几个角的度数求出来。

第6章

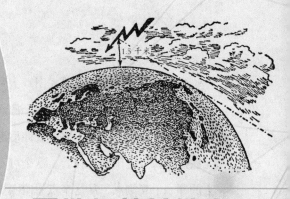

1.5 千米

天地相接的地方

6.1 地平线

当你站在辽阔的大草原或田野上时，你有没有发现自己好像置身于一个你目力所及的圆面的中心位置，这个圆面的边缘就是地平线。地平线是非常神奇的事物：你向它走去时，它就会向后退去。让你觉得它是无法接近的，虽然它无法接近，但它确实存在着。这个可不是你的视错觉或幻影。不管你站在地面上的哪一个观测点，从这个点看向四周，你能看到的地表都有这样的界限，要计算出这个界线的距离是很容易的。我们想要学习和地平线有关的几何学知识，可以来看图 6-1，这是地球的一部分，观测者的眼睛在 C 点处，距地面的高度是 CD，也是他所处地表的高度。观测者站在这个观测点向空旷平坦的四周望去，能望到多远的距离呢？显然他只能看到类似 M 点和 N 点处，观测者的视线在这两点处和地表相切，再远的地方就在他的视线之下了。M 和 N 这两个点（包括 MEN 圆周上的无数个点）就是观测者在地球表面可以看到的那部分的边界线，也可以说，这些点连成了地平线。在这些点上，观测者看到了天空和大地，他甚至感觉天空好像倚在大地之上一样。

看图 6-1，可能你觉得这幅图并不真实：你认为地平线总是和人的眼睛处在同一水平线上，但图中所示，很明显可以看出地平线的圆周位置要低于观测者眼睛的位置。我们一直这样认为，当我们登高时，地平线也会随着我们的升高而升高。但这只是一种视错觉：如图 6-1 所示，其实地平线一直是处在比人眼低的位置。但 CN 和 CM 两条直

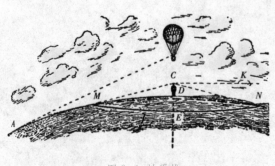

图 6-1 地平线

线和在 C 点垂直于地球半径的直线 CK 一起形成了一个角度，这个角度是非常小的，被称为"地平俯角"，所以不用仪器是无法测量出来的。

还有一个有趣的现象。前文提到过，当观测者登高时，比如在飞机上时，地平线好像和观测者一起升高了，看上去好像仍然和眼睛在同一水平线上。观测者在飞机上时，会感觉大地都在地平线以下了，也就是说，在观测者的眼中，这时的大地看上去就像是被压制的盘子，地平线就是这个被压制着的盘子的边，爱伦·坡在他的幻想小说《汉斯奇遇记》中对这个现象进行了精彩的描写：

"我感觉地球表面好像凹进去了，这让我感到非常惊讶，"小说的主人公航空家这样说道，"我希望在乘气球升高的时候，会看到它鼓凸出来。我想了很久，终于知道了这个现象产生的原因。从我的气球到地表上的垂直直线，就是一个直角三角形的一条直角边，从这条垂直线与地面的交点引到地平线的直线就像是这个三角形的底边，而从地平线到我的气球这条直线就是三角形的斜边。但我所处的高度与视野相比就显得太低了，就是说，我想象出来的这个直角三角形的底边和斜边与垂直地面的直角边比较起来大的太多了，这个三角形的斜边和底面几乎是平行的关系。所以，气球下面的每个点都让人觉得比地平线低，因而就会感觉地球表面凹进去了。当气球一直往上升，升到你不再感觉三角形的底边和斜边是平行关系的时候，就不会再有这种感觉了。"

这里有一个实例，用它可以解释这个问题。如图 6-2 所示，你的面前有这样一排电线杆，b 点是电线杆根基的水平面上，你在这里进行观测，那么这排电线杆的样子就是图 6-2（2）的样子，a 点在电线杆的顶端水平位置，如果你的眼睛处在这里观测，

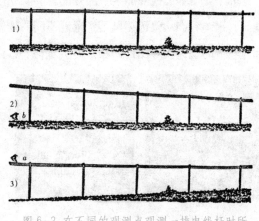

图 6-2 在不同的观测点观测一排电线杆时所看到的情形

那么这一排电线杆就是图 6-2（3）中的样子，就是说你在你眼中，地平线的地面升高了。

6.2　从地平线上升起的轮船

我们观测大海时，经常会看到轮船从地平线上冒出来，你会觉得轮船的位置应该处于更近的地 B 点（图 6-3），就是观测者的视线与海面最凸起部分相切处，而这一点并不是它的实际位置，这是一种视错觉。观测海上的轮船时，很难摆脱这种视错觉的影响（可比较第四章中关于小土丘对物体距离判断的现象的解答）。

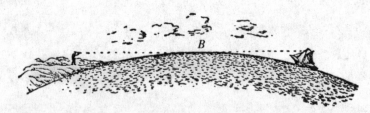

图 6-3　地平线外的轮船

如果你用望远镜观测地平线处的轮船时，你就会发现你看到的只是一种错觉了。因为我们从望远镜里看到远近不同的物体的清晰程度是不同的：用观测远处物体的望远镜观测近处物体时会觉得非常模糊，用观测近处物体的望远镜观察远处的物体，也会觉得模糊。如果把一具倍数足够大的望远镜校准地平线的水面，使它能非常清晰地看到水面的样子，当用这架望远镜观察地平线上刚刚升起的轮船时就会非常模糊，觉得船离观测点还很

图 6-4（左）和图 6-5（右）　用校好的望远镜观测地平线上逐渐升起的轮船。

112

远（图 6-4），这时把望远镜校到能清晰地看清刚刚从地平线上升起的轮船时，那用望远镜再观测地平线处的水面，就变得模糊不清了（图 6-5）。

6.3 地平线有多远？

观测者离地平线的距离是多少呢？也可以说，我们看到自己身处在一个圆的中心，这个圆的半径就是我们离地平线的距离，这个半径有多大呢？如果已知观测者的观测地点在地平面上的高度，应该怎样计算出他距地平线的距离？

如图 6-6 所示，要解这个题目，这个题目就是要计算出线段 CN 的长度，此线段是从观测者的眼睛朝地球表面所作的切线。我们曾经在几何学里学过，切线的平方是割线外线段 h 与这条割线的全长的乘

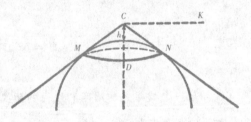

图 6-6 测定地平线距离示意图

积，割线的全长就是乘以 $h + 2R$，其中 R 为地球的半径。因为观测者的眼睛超过地面的距离和地球的直径比较起来，显得太微小了，比如说一架飞机升空到一万多米的高空时，人的眼睛离地面的距离也只是地球直径的 0.001，所以 $2R + h \approx 2R$，公式可以简化为：

$$CN^2 \approx h \times 2R$$

也就是说，用很简单的公式就可以计算出地平线的距离：

地平线与观测者之间的距离为 $\sqrt{2Rh}$，

其中 R 为地球半径（约 6400 千米①），h 是人的眼睛到地面的距离。

因为 $\sqrt{6400} = 80$，所以，这个公式还可以简化为：

①精确的数字为 6371 千米。

地平线和人之间的距离为：$80\sqrt{2h} \approx 113\sqrt{h}$，其中 h 是以千米为单位的。

这个计算过程被简化成了一个纯几何学的题目。如果我们想得到更精确的结果，就要考虑影响地平线距离的物理学因素和"大气折射"的影响。光线在大气中的折射作用会把计算出来的地平线距离扩大 $\frac{1}{15}$（或 6%）左右。这是一个平均数。很多外在条件都会影响到地平线距离，使它的数值略有增减，例如：

增　加	减　少
气压高	气压低
接近地面处	在高处
冷天	暖天
早晨和傍晚	日间
潮湿天气	干燥天气
在海上	在陆地上

一个人站在平地上时，可以看到多远的地面？

如果一个成年人的眼睛和地面的距离为 1.6 米或 0.0016 千米，那么地平线和人的距离应为：$113\sqrt{0.0016} \approx 4.52$ 千米。

前面已经提到过，地球的空气层能够影响光线的路径，使它发生曲折，所以地平线的距离应该比用公式计算出来的值平均增大 6%。正因为如此，所以在计算时要用 4.52 千米再乘以 1.06，得出：

$$4.52 \times 1.06 \approx 4.8 \text{ 千米}。$$

所以，这人站在平坦的地面上望到的最远距离不超过 4.8 千米。他所在那个由视线与地平线交接的点组成的圆的直径只有 9.6 千米，这个圆的面积也只有 72 平方千米。这比把草原描写成为一眼望不到边的旷野要小多了。

一个人坐在小船上观测海面，最远能看多远的距离？

如果这个人坐在小船上时，他的眼睛比水面高 1 米，或 0.001 千米，那么，

那么这时他离他所看到的地平线的距离应为:

$$113 \sqrt{0.001} \approx 3.58 \text{ 千米。}$$

如果再考虑大气的平均折射率,那么这个值应约为 3.8 千米。对于再远的物品,他就只能看到上半部分,下半部分被地平线挡住了。

如果坐在小船里的人的眼睛再低一些,那么他看到的地平线的距离则会更近。比如说他的眼睛高出水平面半米,那么地平线和他的距离约为 2.5 千米。相反如果观测者的观测位置高一点(比如他站在桅杆上),那么地平线的距离就会增大。例如观测者站在 4 米高的桅杆上观测,那么这时他和地平线的距离约为 7 千米。

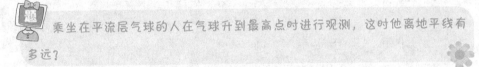

乘坐在平流层气球的人在气球升到最高点时进行观测,这时他离地平线有多远?

这时气球的高度为 22 千米,所以这时气球离地平线距离为:

$$113 \sqrt{22} \approx 530 \text{ 千米,}$$

由于大气折射的影响,所以这个距离应约为 562 千米。

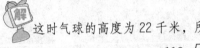

一个飞行员想看到离自己 50 千米的地面,那么他应该把飞机升到多高?

参看求解地平线距离的公式中,可以得出这个等式:

$$50 = \sqrt{2Rh}$$

所以:

$$h = \frac{50^2}{2R} = \frac{2500}{12\,800} \approx 0.2 \text{ 千米。}$$

所以说飞机只要升高到 200 米高度就行了。

考虑会出现偏差,所以要在 50 千米中减去 6%,得出 47 千米,所以:

$$h = \frac{47^2}{2R} = \frac{2209}{12\,800} \approx 0.17 \text{ 千米,}$$

图 6-7 莫斯科大学（设计图）

也就是说，飞行员想要看到离自己 50 千米的地面，只要把飞机升到 170 米高度就可以了。

莫斯科大学的 20 层主楼地处莫斯科市列宁山上的最高处，它是世界上最大的教学与科学研究中心（图 6-7）。这座建筑比莫斯科市的水平面高出 200 米。

所以如果你站在这座建筑的最高层处，从窗户向远处望去，就可以将方圆 50 千米以内的景物尽收眼底。

6.4 果戈里的高塔

现在可能你很想知道，人往高处升时，是人的高度增长得更快，还是地平线的距离增长得更快？可能你会认为人往高处升时，地平线的距离增加得更快。果戈里的想法和你一样，他在自己的论文《论当代的建筑》中这样写道：

"一座城市一定要有一个气势宏伟、规模庞大的高塔……但我们国家的塔的高度只能使站在上面的人望见一个城市，可是一个国家的首都必须要有一座站在上面能看到周围 150 俄里^①的高塔。所以只要把塔增高几层，一切都会变的。高度增加了，人们的视野就会得到很大的扩展。"

事实是这样吗？

其实只要研究一下这个有关地平线的公式就能证明人体的升高，地平线的范围也会随之急剧增加这个观点的错误性：

人与地平线的距离为 $\sqrt{2Rh}$。

① 1 俄里为 1.0668 千米，150 俄里为 160 千米。

116

其实事实刚好相反，地平线增加的速度要远比人体位置升高的速度慢：地平线距离与人眼的高度的平方根成正比。也就是说，观测者的高度增加100倍时，地平线的距离只扩大10倍。当观测者的高度升高到1000倍时，地平线的距离只增加31倍。所以果戈里在论文中的"所以只要把塔增高几层，一切都会变的"这种说法是没有科学依据的。如果在8层楼的顶层再加两层，那么这时地平线距离只增加到 $\sqrt{\dfrac{10}{8}}$ ，就是1.1倍，增加的距离仅为从原来距离的10%。

这样小的距离变化人们是很难感觉到的。

至于他设想的要建一座"站在上面能看到方圆150俄里"的高塔，那完全是无稽之谈。果戈里恐怕根本就不知道想达到这样的效果，需要建造多么高的塔。

由下面这个等式你就可以知道：

由公式 $160 = \sqrt{2Rh}$ 可以得出：

$$h = \frac{160^2}{2R} = \frac{25\ 600}{12\ 800} = 2\ \text{千米}。$$

这个高度已经是一座山的高度了。

6.5 普希金的土丘

诗人普希金犯的错误与果戈里相似，他在诗歌《吝啬骑士》中这样描写皇帝站在山岗上望见远处的地平线：

"皇帝站立山头，心旷神怡朝下望：

山谷间是白色的穹庐万帐，

海面上是竞发的千帆"[①]

我们在前面已经计算过这个山丘的高度了，实在是矮得可怜：阿提拉的十万大军若用他的方法也只能堆起一个不超过4.5米的土丘。现在来算一算站

①选自普希金著作《吝啬骑士》。

在这个小山丘能看到多远的地平线。

这位观测者的眼睛离地面 4.5 + 1.5 米，就是 6 米。所以观测者和地平线的距离为：

$$\sqrt{2 \times 6\,400 \times 0.006} \approx 8.8 \text{ 千米。}$$

这个距离只比站在平地上观测到的地平线远了 4 千米。

6.6　铁轨的交汇点

你可能经常会看到两条铁路在很远的地方交汇在一起，但你看到过那个交汇点吗？以我们现在所学过的知识，是完全可以来解答这个问题的。

一个视力正常的人，在视角为 1′ 的情况下，看一个物体时才会是一个点，就是说，这个物体离观测者的距离是它本身宽度的 3 400 倍。

两条铁轨之间的距离为 1.52 米。也就是说，两条铁轨的应该在距离观测者 1.52 × 3400 = 5.2 千米处交汇成一个点。但在平坦的地方，地平线处的位置会比 5.2 千米近一些，只有 4.4 千米。所以说，一个视力正常的人站在平地上根本看不到两条的铁轨交汇点，但在以下几种情况下，是可以看到的：

1.观测者的视觉敏锐度下降，在视角大于 1′ 时看到的物体就已经是一个点了。

2.铁路线所处的地面不是水平的。

3.观测者观测铁路交汇点时，人所处位置高于地面，其眼睛高出地面的距离为：

$$\frac{5.2^2}{2R} = \frac{27}{12\,800} \approx 0.0\,021 \text{ 千米，也就是 210 厘米。}$$

118

6.7 关于灯塔

岸上有一座灯塔，它的顶部比水面高出 40 米，如果船上的桅杆高出水面 10 米，船员坐在桅杆上进行观测，那么船离岸上的灯塔多远的距离时，船员能够看到灯塔的灯光？

如图 6-8 所示，AC 是由 AC 和 BC 组成，根据题目的要求，是要求出 AC 的距离。

AB 是站在 40 米的灯塔上所看到的地平线距离，BC 是船员坐在桅杆上看到的水平面的距离。所以 AC 长度应该为：

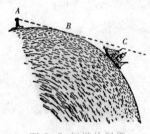

图 6-8 灯塔的问题

$$113 \sqrt{0.04} + 113 \sqrt{0.01} = 113 (0.2 + 0.1) \approx 34 \text{ 千米。}$$

上一题中，船员在离灯塔 30 千米的时候能看到灯塔的什么位置？

解题的过程非常简单，如图 6-8 所示，已知 AC 的总长度为 30 千米，先计算出 BC 的长度，用 AC 减去 BC 长度，就得出了 AB 的长度。AB 值求出后，就可以计算地平线距离为 AB 长度时的观测高度，计算过程如下：

$$BC = 113 \sqrt{0.01} = 11.3 \text{ 千米，}$$

$$30 - 11.3 = 18.7 \text{ 千米，}$$

观测位置在灯塔上高度为 $\dfrac{18.7^2}{2R} = \dfrac{350}{12\,800} \approx 0.027$ 千米，

所以，船员离灯塔 30 千米时只能看到灯塔上部的 13 米的部分，无法看到它下部的 27 米的部分。

6.8 闪 电

你的头上 1.5 千米处有一道闪电亮起 (图 6-9)，同样能看到这道闪电的人，离你最远的距离是多少?

要解这个题目，就要先计算出在 1.5 千米高处观测的地平线距离：

图 6-9 关于闪电的题目

$$113\sqrt{1.5} \approx 138 \text{ 千米}。$$

在平坦的地面上时，那么距离你 138 千米 (考虑 6% 的修正值，所以这个值应为 146 千米) 的人即使平躺在地面上也能看到闪电。在距离你 146 千米处的人看到闪电时，看到的只是地平线上的闪光。

6.9 轮 船

你站在海边看着离你越来越远的轮船，这艘轮船的桅杆最顶端高出水面 6 米。那么这艘轮船离你多远距离时，你会看到它开始向地平线下隐没? 在什么距离处轮船完全消失在你的视线中?

参照图 6-3 可以看出，这艘轮船经过 B 点后就开始向地平线后面，这个点离观测者应该在 4.8 千米处，轮船完全消失在观测者的视线中是在另一个点，它和 B 点的距离为：

$$113\sqrt{0.006} \approx 8.8 \text{ 千米}。$$

所以，轮船完全消失在观测者的视线时，离观测者的距离为：

$$4.8 + 8.8 = 13.6 \text{ 千米。}$$

6.10 月球上的 "地平线"

到此为止，我们所研究的计算方法都和地球有关。如果观测者在月球上进行观测时，它的 "地平线" 距离和地球上一样吗？

要解答这个题目，可以利用前面介绍过的地平线距离 $=\sqrt{2Rh}$ 的公式进行计算，但在这里，代入公式中 $2R$ 的值为月球的直径，而不是地球的直径。月球直径为 3 500 千米，所以，当眼睛离月球面高度为 1.5 米时，观测者站在月球表面进行观测时得到：

月球 "地平线" 距离 $=\sqrt{3\,500 \times 0.0\,015} \approx 2.3$ 千米。

所以说，观测者站在月球表面上进行观测时，只能看到 $2\dfrac{1}{3}$ 千米远的地方。

6.11 月球上的环形山

月球上的环形山非常明显，即使用放大倍数比较小的望远镜也可以看到，这在地球上是看不到的。"哥白尼环形山" 为月球上最大的一座环形山，它的外径为 124 千米，内径为 90 千米，环形山最高点比中间的盆地高 1500 米。如果你站在盆地的中央，能看到环形山口的顶点吗？

想要解答这个题目，要先计算出从环形山口的顶点处看到的 "地平线" 距离，已知这个环形山口最高处为 1.5 千米，那么它的地平线距离为 $\sqrt{3\,500 \times 1.5} \approx 23$

千米。把前面计算出来的一个人在月球的平坦地面上能看到的地平线距离 2.3 千米，加上刚才计算出来的结果，就是环形山口隐没到观测者"地平线"以下的距离：

$$23 + 2.3 \approx 25 \text{ 千米。}$$

因为盆地中心离环形山口山脚壁处距离约 45 千米远，所以在这里是不可能看到山口的山脚壁，想要看到山口，至少要爬上 600 米[①] 高的山坡。

6.12 木星

木星和地球比起来体积大多了，它的直径是地球直径的 11 倍，那么，木星上的"地平线"距离是多少呢？

假设木星的地表是非常平坦的，那么观测者站在木星地面上能看到的最远距离为：

$$\sqrt{11 \times 12\,800 \times 0.0016} \approx 15 \text{ 千米。}$$

6.13 自习题

潜水艇的潜望镜露出水面 30 厘米，请问它能看到的地平线距离是多远？

从飞机上观测俄罗斯拉多加湖的两岸，飞机飞到多高时才能使观测者同时望见距离为 210 千米的两岸？

要想在飞机上同时看到相距 640 千米的圣彼得堡和莫斯科两个城市，飞行员应该把飞机升到多高？鲁滨孙的野外几何学

①此处可参见别莱利曼《趣味天文学》第二章：月球景色。

第7章

鲁滨孙的野外几何学

7.1 星空几何学

浩空一片，繁星点点，

繁星无数，浩空难探

——罗蒙诺索夫

本书的作者也经常想去过一种不曾体验过的生活：就是去过一种鲁滨孙式的生活。如果我真的这样做了，那么我能把这本书写得更加有趣。也有可能根本就写不出来了。但我并没有成为第二个鲁滨孙，但并不觉得有什么可遗憾的。但我年轻的时候，我认为自己非常适合做第二个鲁滨孙，还为此做足了准备。虽然鲁滨孙是一个凡人，但他也应该掌握其他人所不具备的知识和能力。

如果有一个人在海上遇到了海难，被抛弃到了人烟荒芜的小岛上，那么他首先要做的事是什么呢？

首先是要知道自己所在的小岛的经度和纬度。这在新老鲁滨孙的故事里是很少提到。这些内容在《鲁滨孙漂流记》全文本中，只被很少地提及，还被放在括号里作为注解：

我所在的小岛的纬度上（据我计算，是北纬 9° 22′处）……

这些资料少得可怜，让我无法为我的理想搜集必要的资料。就在我准备放弃时，忽然在儒勒·凡尔纳的著作《神秘岛》中找到了我需要的答案。

我并不是非要把你们都训练成鲁滨孙，但我觉得学习一些确定地理纬度的简便方法还是有必要的。这个本领不光在荒岛上可以用到。在我们国家，还有很多在地图上没有标出的地区（而且你有可能没有随身携带详细的地图），所以就有可能遇到需要计算出地理纬度的问题。现在还有很多地方在地图上并没有标示，所以说，你想做一次鲁滨孙，想像他那样计算出自己所处的地理纬度，并不是非得到海上去探一次险。

124

这件事做起来是很简单的。夜晚时，你观察星光灿烂的夜空，就会发现天上的星星在缓慢地沿着倾斜的圆弧移动，看上去整个夜空都围绕着一个虚无的固定斜

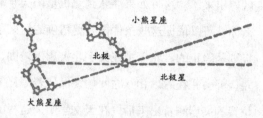

图 7-1 寻找北极星的方法

轴在不停地旋转。其实事实并非如此，而是你自己也在跟着地球旋转，朝相反的方向围绕着地轴画着圆弧。在北半球的夜空中，只有想象中的地轴延长线支撑点是不动的。这个"天宇北极"的位置就在离北极星不远的地方，身处北半球时，只要在天空中找到北极星，就意味着你找到了天宇北极的位置。大熊星座的位置非常明显，就是北斗七星的位置，如果先找到它，就很容易找到北极星了：如图 7-1 所示，经大熊星座边缘的两颗星星画一条直线，让它延伸到长度约为整个大熊星座的长度时为止，这时你就找到北极星了。

夜空中有很多点可以确定地理纬度，这颗星只是其中一个点。第二个点就是"天顶"，就是你望向天空时，你正头顶上的一点。也就是说，天顶是天空中地球半径的虚拟延长线的支撑点，这时你所处的位置恰好在这条地球半径上。你的天顶和北极星之间的天空弧线的角距也是你所处的位置与地球北极间的角距。如果你的天顶和北极星的角距为 30°，则你和地球的北极的角距也是30°。也可以这样说，你在距离赤道 60° 的地方时，你的位置就是北纬 60°的地方。

只要测量出北极星与天顶间的角度，就能找到你想要找的地点的纬度。再用 90° 减去刚才测算出的数值，这就是它的纬度。其实还有别的方法。由于天顶和地平线之间的弧度为 90°，用这个弧度减去北极星与天顶间的角度差，这是北极星在地平线上的"高度"。可以这样说，一个地点的地理纬度是北极星在这个位置地平线上的高度。

想要确定纬度要做什么准备工作，你现在应该都知道了。在一个晴朗的夜空中找到北极星并把它在地平线上的角度值测量出来，那么你所处位置的纬度

就得出来了。这时如果注意到北极星距天宇北极 $1\frac{1}{4}°$，而没有完全重合，那么你就可以依据这些条件得到更精确的结果了。北极星也不是静止的，天宇北极则是静止的，北极星在天宇北极周围转圈，一会儿高，一会儿低，一会儿往左，一会儿往右，相互之间始终保持着同样的距离。把北极星在最高和最低的位置的高度测量出来后（在天文学中，这样的高度被称为北极星的上"中天"和下"中天"的时刻），把这些高度取成均数，得出的结果就是天宇北极的真实高度了，也是你所在位置的纬度。

所以说任意一颗星都可以用来定位，不是非要用北极星不可。把这颗星在地平线上高低两位置的高度测量出来后取出平均值。就得到了天宇北极在地平线上的高度，即所处位置的纬度。但这时还要能找到所选定的星处于最高位和最低位的时刻分别为哪个时刻，这样一来，问题就变得复杂了。而且在同一个夜晚是不可能同时观察的。正因为如此，我们才会用北极星定位，从而获取测量近似值，同时，完全可以把北极星与天宇北极之间的距离忽略不计。

做这些测量定位时，我们假设的都是身处北半球的情况，那么如果身处南半球要怎么办呢？其实和在北半球时只有非常微小的差别，在南半球测量时，要测定的是天宇南极的高度，而不是天宇北极。但天宇南极的附近并没有类似北极星那样明亮的星星。光亮耀眼的南十字星座虽然很适合作测量之用，但它离南极又太远了。其实这时只要获取测量星座中的星体处在最高和最低位置时的高度值的平均值，仍然能够确定某处的纬度。

儒勒·凡尔纳小说中的主人公就是根据南半球天空中这个美丽的星座来确定"神秘岛"的纬度的。

其实把小说中那些描写确定纬度的步骤仔细研究一遍是有很大好处的，这使我们明白了探险家们是怎样在没有量角工具或仪器的情况，轻松简便地解决这个问题的。

7.2 小岛的纬度

当时大约是晚上八点钟，地平线只有银白色的一片柔光，月亮这时还没有升起来，这些柔光就像是月亮的衣服一样。南十字星座随着南半球的所有星座一起在夜空中闪烁。史密斯工程师一直在仔细观察这个星座。

他想了想说："哈伯特，今天是四月十五号吗？"

哈伯特回答："是的，先生。"

"我想应该是这样的，明天实际的时间等于平均时间，这样的情况在一年中只有四天：用我们的钟表计时①，明天正午时分太阳会进入子午线，如果明天有阳光，我就能确定小岛的经度了。"

"不需要仪器的帮助也可以测量吗？"

"当然可以。这时的天气很晴朗，我现在要测量出南十字星座的高度，也是南极在地平线上的高度，由这些数据确定这个岛的纬度，明天中午就可以确定岛的经度。"

六分仪是借助光线反射原理精确测量物体角距的仪器，如果工程师带着这样的仪器进行测量，那就简单多了。那样的话，今天晚上测出南极的高度，明天正午就可以测量小岛的经度了。可这里没有六分仪，所以只能用别的东西代替。

工程师拿着火把进了山洞，借着微弱的火光锯下两根方形的木条，接着把这两根木条一端连接起来，使它们两条腿可以分开或合并，这就是一个自制的圆规。接着又从火堆边的枯枝中找到了一根非常硬实的刺槐树刺代替圆规的合页。

仪器准备好了，工程师回到了岸边，他要测量出海平面上的高度，也就

①我们钟表的时间和太阳时并非完全一致的：实际太阳时和钟表时间之间，是有差异的，一年中约有4月16日、6月14日、9月1日和12月24日这四天两者是完全相同的。（参见别莱利曼的《趣味天文学》）

127

南极的地平线，于是他来到了眺望岗，这里更方便观测，在计算海平面上的高度时，也要把眺望岗的高度考虑在内，眺望岗的高度可以在第二天用基本几何学方法完成。

月亮的光线照得地平线非常清晰明亮，这样的情况最利于观测。南十字星座这时也在夜空中闪着耀眼的光芒：x 星就是它的底部标志，和南极的距离最近。

其实，南十字星座与南极的距离与北极星和北极的距离不同，前者的距离更远，x 星的位置为南极 27°，这一点工程师也考虑在内了，他将把这段距离计算进去，为了使测量更准确，他耐心地等待着这颗星星通过子午线的一刻。

工程师拿过一个自制的木圆规，把它的一条腿摆成水平方向，另一条腿对准南十字星座的 x 星。这时这颗星在地平线上的角高，就是圆规形成的开口角度。他又找到一个槐树刺，用它把第三根木条交叉着横着钉在那两根木条上。这样，圆规就被固定住了。

这时还要观测海平面高度，把地平线下降的问题考虑进去，这就需要测量眺望岗[①]的高度，然后再计算出得到的角度值。由于地球上任何地方的纬度和地球那一极在该地的地平线的高度都是相等的，所以这个角度值能帮助我们求得南十字星座 x 星的高度和南极在地平线上的高度，也就是岛的地理纬度。这些计算工程师打算明天再进行。

在本书第一章中，我们就研究了测量山岩的方法，我们再来看一下工程师接下来的做法。

工程师拿着昨天就做好的圆规，他把一个圆分为 360 等分，从而确定了南十字星座的 x 星和地平线之间的角距为 10°。所以南极在地平线上的高度就是 x 星和南极的角距 27° 加上刚测得的 10° 和测得的眺望岗的高度，再加

---

①由于工程师并非在海平面上测量，而是在高高的山岗上，所以从观测者的眼睛到地平线的直线，不会和与地球半径垂直的直线重合，而是和它形成一个角度。这个角度非常小，小到可以忽略不计（高度为 100 米时，这个角度为三分之一度），所以说，儒勒·凡尔纳作品中的人物史密斯工程师认为完全可以把这一个角度忽略掉。

上眺望岗的高度要换算成海平面上的高度，得到的结果37°，所以史密斯确定这个岛的地理位置是南纬37°，考虑测量的误差，可以说是在南纬35°到40°之间。

这时剩下的工作就是确定小岛的经度，经度的测量，工程师想在太阳经过小岛子午线那天正午进行测定。

7.3 测定地理经度

哈伯特对此非常好奇："工程师，您没有仪器，怎么能知道太阳是什么时候通过小岛的子午线呢？

工程师有自己的办法，他早就为这次测定做好了准备。他在海边的沙滩上选好了一块比较干净的空地，找到一根六英尺的木杆，把它竖直插进土里。

这时，哈伯特才恍然大悟，知道工程师要怎样确定太阳通过岛上子午线的时刻，也可以说确定当地的正午时间，工程师是想通过观测太阳照射在木杆投射到沙滩上的阴影来确定正午时间的，这个方法虽然算不上精确，但在没有仪器的情况下，这个方法已经基本可以满足观测者的要求了。

木杆的阴影变得最短时就是正午了，为了观测到阴影不再缩短的时刻，所以观测要非常仔细。这时的木杆阴影起着时针在钟面上的作用。

工程师开始观测时间了，他跪到沙地上，在地上插入一些个小木楔，这样就能给木杆投射的阴影一点点变短作好记号。

工程师的助手拿着一只表，准备记录下木杆阴影最短的时刻，因为工程师进行观测的这天是四月十六日，这天是一年中的实际正午和平均正午重合的四天中的一天，所以，助手用表记录下的正午时刻，会根据华盛顿（他们旅行的出发点）子午线时间进行调整，这样就可以使它们保持一致了。

太阳一点点移动，木杆的阴影越来越短，工程师仔细观察着，当他发现阴

影开始变长时马上问：

"现在是什么时间？"

助手看着表回答："五点零一分"。

这时，观测就结束了，剩下的工作就是一些简单的计算了。

通过观测结果，工程师知道，华盛顿子午线和小岛子午线的时差有5个小时，也就是说，在岛上正午时分时，华盛顿已经是傍晚五点钟了。太阳环绕地球的昼夜行程中，每4分钟走1°一小时走15°，用15°乘以5（时差），为75°。

格林尼治子午线是公认的本初子午线，华盛顿就在它以西77° 3′11″，由此可得，小岛大致位于西经152°的位置。

由于观测不够精确，所以只能取一个大致范围，所以这个岛的位置在南纬35°至40°纬度线和西经150°至155°经度线之间。

其实还有很多独特的方法可以测定地理经度。儒勒·凡尔纳作品中的主人公所采用的方法就是"时序测量法"，但这只是其中一个方法而已，还有很多比这种方法更精确的测定纬度的方法（我们介绍的这种方法，在航海中并不适用）。

第8章

黑暗中的几何学

8.1 船舱的底层

现在，我们离开了旷野和海洋，来到木船下面狭窄拥挤又黑暗的底舱。美籍作家马因·里德[①] 的长篇小说中的少年主人公，就是在这里解答出了很多几何学难题的，我想你们任何人都没有在这样恶劣的环境中解答过数学难题。

马因·里德在他的小说《少年水手》（又名《在船的底舱》）中讲述了一个少年，他深爱着海上探险（图 8-1），但他没有钱买船票，情急之下，就溜进了

图 8-1 马因·里德小说里的小小探险家

一条木船，进到了船的底舱，在这个封闭的环境下，他居然奇迹般地度过了整个航程。底舱中有很多货物或行李，少年在这里找到了一包面包干和一桶水。他知道，这些食物和水是有限的，必须尽可能地珍惜，于是他必须把这些食物和水分成每日的定量。

要分面包是很简单的事，但水的总量他并不知道，该怎样分呢？现在，我们来看一看这个马因·里德笔下的小少年是怎样解决这个难题的。

---

①马因·里德 (1818 – 1883) 爱尔兰裔美籍作家。

8.2 测量水桶的方法

首先，要知道自己每天的饮水量，所以，必须要知道桶里的水的总量是多少，然后按天数把它进行等分。

幸好我在乡村小学上学的时候老师在数学课上教过我们一些简单的几何知识，这让我对立方体、角锥体、圆柱体、球体有一些基本认识。我知道可以把水桶看成两个圆台体，只是它们的大底面相接到了一起。

想知道这只水桶的容积，首先要确定桶的高度（只知道一半高度就可以），和木桶底部圆周长度以及水桶中部最粗部分截面的圆周长度，这些数据搜集齐全后，就能计算出这只水桶的容积了。

可难就难在对这三个数据的测量。

应该怎样测量呢？水桶就在我们的面前，它的高度很容易就能知道，可它的周长怎样测量呢？我的个子太矮了，根本够不到它的顶部，另外，水桶的旁边还有很多箱子，这也妨碍了我的测量工作。

还有一个问题：我没有尺子和绳子，这些测量的工具都没有我该怎样进行测量呢？但我不会因为这些困难就放弃先前的计划。

8.3 测量尺

马因·里德的题目：

我正在苦思如何测量水桶的各种数据时突然想到我最缺少的工具是什么。其实只要有一根长度大约和木桶最粗部位相等的木条就可以了，我把木条塞进木桶里，让它的两端抵在桶内壁上，这样我就知道了桶的直径，把木条的长度增加两倍，就是木桶的圆周长度，这样的确不够精确，但对于一般测量，这个精度就可以了。以前我喝水时，在木桶最粗的位置打了个小孔，所以，我只要把木条从小孔穿进木桶，让它的另一端触到对面的桶壁，就是木桶最粗处的直径了。

但去哪里找木条呢？这对我来说并不难，我决定用装面包干的木箱板，但木板只有60厘米长，而木桶最粗的地方，比这木板要长一倍，但这仍然难不倒我，我可以把三根木条连接起来，这样长度就够了。

我把木板顺着它的纹路劈开，做成三条木条，用我的鞋带把它们连接起来，连接好后，长度大约有一米，这样我就有了长达一米的木杆了。

开始测量时，我又发现了一个问题，那就是在狭窄的底舱中，木杆无法弯曲起来，一不小心，木杆就会被折断的。

这仍然难不倒我，我解开连接木条的鞋带，让它们重新成为三根木条，先把第一根木条伸进木桶，再把第二根木条的一头和第一根木条露在桶外的尾用鞋带连接起来，把这两根木条伸进根里，再连接上第三根木条。

我把木杆对准正面的桶壁从小孔里插了进去，然后在长杆上与桶外壁相合的地方做上了记号，减去桶壁的厚度，就是我要的数据了。

测量完毕后，我一根接一根地把木杆抽了出来，为了过一会儿能复原出它在水桶里的长度，我记住了木杆与木杆连接时的位置，因为这些小小的误差可能导致很大的误差。

这时，我就有了圆台体大底面的直径，这时的桶底成了圆台体的上底面，我只要求出它的直径就可以了。我把木杆放在桶上，用它顶在桶边相对的一个点上并记下了它的直径数值。测量这个数据，我不到一分钟就做完了。

就差桶的高度未知了。你可能认为，可以把木杆垂直立在木桶边，在桶上做好记号就行了。可底舱是漆黑一片的，就算能把木杆垂直放置，也根本无法看清木桶的底到了木杆的什么位置，这一切动作都要在黑暗中进行，我只能用双手摸索木桶的上底和它与木杆对应的位置。而且木杆还会在木桶边上移动，

有可能会出现倾斜的情况，那样我就很难得到准确的高度了。

我想了想，终于想到了一个好办法来解决这个问题。我把两根木条捆绑在一起，把第三根木条放在木桶的上底面上，让它露出桶边外 30～40 厘米，然后把长杆垂直地贴在桶外露出的木条上，让它与桶边成直角，这时，长杆就和桶的高度线成平行状态了。我在木桶上的正中间做好记号，再减去桶底厚度，就得到了桶的一半高度，也就是一个圆台体的高度。

这时，我就得到了所有必需的数据。

8.4 还有什么要做的事

木桶的容积先用立方单位来表示，再换算成加仑①，这只是简单的换算，非常简单。我这里没有计算工具，即使有，我也用不上，因为底舱漆黑的伸手不见五指，不过还好我平时也经常不用纸和笔，而是用心算方法来完成四则运算，这时我要计算的数目不太大，因此我并没有为此事而烦恼。

但我有新的苦恼，我这里得到了桶的高度和截圆锥体的两个底面的直径这三个数据：但它们的具体数值我并不知道，所以我必须先把这些数值找出来再做计算。

起初，我认为这件事是根本做不到的，我的手上没有任何测量工具，所以我只能放弃了。

但我想到曾在港口量过身高：我的身高是四英尺，这个数据现在可以帮助我确定其他几个数值：把我的身高四英尺标刻在我的木杆上，以便使用它测量其他数据。

我在地板上站得笔直，把木杆的一头抵住我的脚，另一头扶着木杆，这样

---

①加仑为容积单位。1 英制加仑有 277 立方英寸，约为 4.5 升。1 加仑是 4 夸脱，1 夸脱是 2 品脱。

才能更准确地量出我的身高。我用一只手把木杆扶好，另一只手在头顶为木杆做了个记号。

这时又有了新的麻烦，木杆上并没有小的刻度，这样的情况下，即使有了我的身高也是无济于事的，是的，可以把4英尺分为48等分（英寸）再把刻度标在木杆上，这看起来非常简单，但在这样的黑暗环境下，就并不是什么容易事儿了。

要找到木杆四英尺的正中点应该怎样操作呢？又怎样把木条一分为二，再把每十二英尺分为十二等分呢？

我先做了一根2英尺多长的木条，把它和有四英尺刻度的木杆相比较，确定它的两倍长度一定大于四英尺，然后我就把木条截掉一些，再与四英尺长的木杆相比较，这样反复了几次后，我得到了长度正好为2英尺的木条。

我用了很长时间做这件事，但我有的是时间：我甚至觉得有无聊的时候有点事情做也是不错的。

然后我又想到了一个更简便的方法：就是用鞋带代替木条，因为它折起来更方便，我的皮鞋带今天真是帮了我大忙，我把两根鞋带接起来，很快我就找到了一段长度正好是一英尺的鞋带的部分，要把它一分为二是件非常简单的事，要一分为三就有些困难了，但我仍然做到了。不一会儿，我就有了三根各长四英寸的鞋带，然后我就把它们进行两次对折，就得到了一英寸的长度。

这时我就能在长木杆上划出英寸的刻度表了，我把一段段一刻度的鞋带贴在木杆上，标出48个英寸的刻度。这时我就得到了以英寸为刻度的量尺了，利用它我就能得到其他我所需要的数据了。到此为止，我所有的难题才全都解决了。

我开始计算，用量尺测量好两个底面的直径，再取出平均值，再求出和这个平均直径相应的圆面积。这就是一个圆柱体底面面积。我把这个数值再乘以水桶的高度，就得到了桶的容积。

我把计算出来的立方英寸除了69（一夸脱所含的立方英寸数），就得到了这个木桶中的夸脱数目。

结果是，这个木桶里的水确切地说，有108加仑。

8.5 验 算

几何学的天才们一定知道马因·里德小说里的少年主人公所运用的计算两个圆台体体积的方法并不精确。假设两个小一些的底面的半径为 r（图8-2），大的底面半径为 R，木桶的高度为 h，是圆台体高度的两倍，那么容积为：

$$\pi \left(\frac{R+r}{2}\right)^2 h = \frac{\pi h}{4}(R^2 + r^2 + 2Rr)。$$

这个圆台体的容积可由公式得：

$$\frac{\pi h}{3}(R^2 + r^2 + Rr)。$$

这两个算式相比，第二个算式大于第一个，两者相差：

$$\frac{\pi h}{12}(R - r)^2。$$

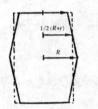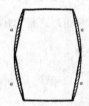

图8-2 验算少年计算出来的结果

根据在代数中学到的知识可知，$\frac{\pi h}{12}(R - r)^2$ 为正数，也就是说，少年计算的结果略小于实际情况。

如果能确定他计算出的结果比实际情况小多少，那就更有意思了。观察木桶的形状，桶身最粗的部位比它的底面直径大，也就是说，$R - r = \frac{h}{5}$。如果马因·里德小说里的木桶就是这种形状，那么就能算出这两个截圆锥体得出的容积和实际情况之间的差：

$$\frac{\pi h}{12}(R - r)^2 = \frac{\pi h}{12}\left(\frac{R}{5}\right)^2 = \frac{\pi h R^2}{300},$$

假设 π 值为 3，上述算式 $= \frac{h R^2}{100}$。由此可以看出，少年的计算误差等于一个圆柱体的容积，它的底面半径是木桶的最大截面半径，高度是木桶的 $\frac{1}{300}$。

由于木桶的容积要比两个相叠的圆台体容积大些，所以我们要把这个计算结果加大一些。如图8-2（右）所示，用上述测量方法测量容积的时候，表示容积的字母 a、a、a、a 的部分都被去除了。

这个计算木桶的容积的方法并不是只有马因·里德笔下的少年想出来了，它还应用于很多求木桶近似容积的题目中。其实要想算出木桶的准确容积是很困难的，德国天文学家开普勒也曾试着解决这一难题，在他的著作中，就有论述测量木桶容积方法技巧的专著。到现在为止，也没有找到解答这类题目更精确的方法，用现在的公式求出来的都是近似值。比如法国南部通常使用这个公式：

木桶容积 = $3.2hRr$，

这个公式经过实验证明是适用的。

再来研究一下这个有趣的问题：为什么要把木桶设计成一个两侧鼓出来的圆柱体呢？这样的形状是非常不便于测量的。如果把它加工成一个标准的圆柱体不是更便于计算吗？其实这样形状的桶是有的，但大多都是金属的，而不是木桶，这就引出下一道题来。

题 为什么要把木桶加工成中间鼓的不规则圆柱体呢？这样的形状有什么优势吗？

解 这样的形状优势就在于可以使桶箍紧紧地箍住木桶。锤子敲打桶箍时，桶箍就会接近木桶鼓起的位置。这时桶箍就就把桶的拼板箍紧，保证了木桶的牢固性。

木制的水桶、水盆等物体由于种种原因通常都不是圆柱形状，而是圆台体形状：这个方法很简单，却能把这些中间鼓起的制品箍得结结实实（图8-3）。

在这里，我们可以来看一下开普勒对于木桶这一物件的论述。这位伟大的数学家在发现行星运动的第二和第三定律间的时期就留意到了木桶形状的问题，还针

图8-3 把桶箍敲向凸肚部分，可以把桶箍紧

对这个问题撰写了一篇数学论文：《酒桶的立体几何学》。开篇内容如下：

酒桶的制作材料、要求和它的用途，都采用了和圆锥体与圆柱体相似的圆的形状，液体如果长久地保存在金属容器里就会因铁锈而变质；而玻璃和陶制的容器不够结实，而且尺寸又略显小；石制容器太重了，不适合装液体。所以说木制容器盛装和保存酒这种液体是最合适不过的了，把一个粗大树干掏挖出容量体积和酒桶相同的一个容器是不现实的，就算这样制作出来了，也会干裂的。因此制作木桶要用一片片的木条拼装成，要使液体不从木条间的缝隙渗漏出来，却不能用别的材料，那么唯一的办法就是用桶箍把桶箍得紧紧的……

当然了，最好能用木板拼出一个球体的容器，但根本不可能。把木板箍出一个标准的圆柱体，那么它就很容易箍松了，这样这个桶就制作失败了，而且也不能把它们箍得更紧了。如果木桶是从桶的最鼓处向两个底面方向收缩的圆台体的形状，只有这个样子，桶箍松了才能向粗处移紧。这样形状的木桶方便储存液体，用大车运送时也很方便，而且它看上去是上下两个彼此相像的部分组成，方便滚动的同时，也非常美观大方[①]。

8.6 马克·吐温夜行记

马因·里德小说中的小主人公在这样恶劣的环境中所表现出来的聪明才智让人佩服。很多人在一片漆黑的环境中连方向都无法辨清，更不要提在这样的环境中进行测量和计算工作了。有一个故事与马因·里德的小说中的故事相互照应，就是马因·里德的同胞、著名的幽默作家马克·吐温的趣闻：他在一家旅馆漆黑一片的房间里糊里糊涂地旅行了一整夜。这个故事让我们知道一个问

---

①开普勒的这篇关于木桶的论文是一篇严肃认真的著作，不要认为这只是这位数学天才的游戏之作。是他首先把无穷小数值和微积分原理引入几何学中。他对数学方面的思考和成就也是源于酒桶和它的容积测量这个题目。（参见1935年出版的《酒桶的立体几何学》）。

题，就算你对周围的环境再熟悉，黑暗也让你对物品失去原有的方位感，下面是马克·吐温的著作《国外旅行记》中一段很有意思的情节：

我睡醒后感到口渴，这时突然想到一个好主意——穿好衣服到花园透透气，再在喷泉边洗把脸，于是我从床上坐了起来，找我的衣物，我找到一只袜子，我忘记第二只放在哪里了，我慢慢下了床，仔细地在周围摸索，但仍然找不到，我又慢慢摸索着到远一点的地方寻找，我爬得越来越远，却始终没有找到袜子，却撞上了家具，我记得在我躺下睡觉的时候，房间里的家具非常少；可现在房间里却堆满了家具，而且到处都是椅子。在这段时间内，该不会又搬来了两户人家？在漆黑一片的环境中，我没有看到一把椅子，头却经常撞在椅子上。

后来我放弃了，没关系，少一只袜子没什么的。我站起来，朝我以为是门的方向走去，却看到了镜子里的自己。

是的，我已经迷失方向了，我在什么地方，我已经完全不知道了，如果房间里只有一面镜子，它还能帮我辨别一下方向，可这房间里是两面镜子，这和有一千面镜子的情况一样让我苦恼。

我想顺着墙边走到门口，我又再试了一次——却不小心把墙上的一幅画弄掉了，画像不大，可它掉在地上时像一幅巨大的画像落在地板上似的发出那么大的响声，加里斯（同住在一室的睡在另一张床上的房客）正睡着，他并没有被惊醒，我想，如果我继续在地上活动，一定会把他惊醒，我要改变我的路线，我刚才几次走过圆桌，我要找到圆桌，然后顺着圆桌回到床上。我到了床边，就能找到装着生水的水杯了，我现在已经口渴难耐了。最好是手脚并用爬过去，这个方法非常好，我曾经试过。

我终于碰到桌子了——当然了，是我的头碰到的，它发出了很大的响声，我又站了起来，为了保持平衡，我向前伸开双臂、张开十指，小心地前进，这时我摸到一把椅子，然后就摸到了墙壁，又摸到一把椅子，然后摸到了沙发，然后是我的手杖，不一会儿，又摸到一个沙发，我非常奇怪，因为我知道房间里明明只有一个沙发，我又撞上了圆桌，还碰上了一排椅子。

这时我才想到桌子是圆形的：把它作为我旅行的出发点是非常错误的决定，我想还是到椅子和沙发之间去碰碰运气，结果这个地方是我完全不熟悉的，我先是把壁炉上的蜡烛台碰到了地上，接着又碰掉了台灯，最后还打翻了玻璃水瓶。

我想："哈哈，我总算找到你了。"

加里斯大叫起来："抓小偷啊，有人抢劫啦！"

顿时，旅馆里一片喧闹，旅馆老板、房客和仆人全都提着灯拥入了我的房间，我环顾四周，发现自己就站在加里斯的床边，墙边只有一个沙发，旁边的椅子也只有一把，这个深夜，我就像行星一样绕着椅子转圈，又像彗星一样反复和椅子碰撞。

经过我的步量，我算出这一夜我走过的路程为 47 英里之远。

这个故事的结局有些夸大：在几个小时内走 47 英里的路是不可能的。但其他细节却很可信，且非常真实，把一个人在深夜中四处碰壁的滑稽可笑的样子恰如其分地表述了出来。当你在一个不太熟悉的黑暗房间里时，经常会是这样的情况。所以说，对于马因·里德笔下的少年在黑暗恶劣的环境中根本无法识别方向，但他仍然能镇静从容地进行测量和计算以及用于测量时想出的好办法，我们应给予应有的评价。

8.7 蒙上眼睛转圈圈

马克·吐温在漆黑的房间里转了一夜圈子的事，让我们看到了一个离奇的现象：人的眼睛被蒙住时，走路就没有方向了，他们向前走时，并没有走直线，多少会发生一点偏离。但他们在转着圈子时，却以为自己一直往前走呢（图 8-4）。

人们在很久以前就发现，旅行家们如果没有指南针的帮助，在暴风雪或沙漠等无法判定方向的地方行走时，就会迷路。他们不会沿着直线向前走，而是

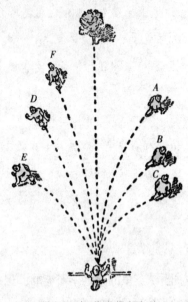

图8-4 把眼睛蒙上走路

总在原地转圈，转着转着就回到了原点，这时步行者所转的圈子大约是个半径为60～100米的圆：而且走得越快，偏离度就越高，这个圆的半径就越小。

对于步行者在黑暗中偏离直线而走弧线的问题，人们还专门做了一个实验，以下是关于这个实验的报道：

100名未来的飞行员在平坦的绿色机场上列队完毕，他们的眼睛都被蒙了起来，然后要求他们照直向前走，飞行员们起步走了……一开始，他们走得很直；后来，一些人向右偏，另一些人向左偏。再后来，他们渐渐地开始转起圈子，竟然重蹈覆辙。

在威尼斯的圣马尔克广场做过一次这样的实验，我想大家都知道。一些人被蒙上眼睛，从广场的一端走到对面教堂跟前去。这段路程虽然只有175米，却没有一个人能走到教堂正面（正面宽82米），所有的人都偏到了一边。他们走出的并不是直线，而是一条弧线，最后还撞上了旁边的柱子（图8-5）。

我想你一定记得儒勒·凡尔纳著作《哈特拉斯船长历险记》中：在荒无人烟的雪原上，旅行者一趟趟地绕回原点的情节：

博士大声对人们喊着："朋友们，这是我们刚才的脚印！在这样的茫茫大雾中，我们已经迷路了，走了一圈又回到刚走过的地方了……"

列夫·托尔斯泰在自己的著作《主人和雇工》中对迷路者转圈的情景也有描写：

这时，瓦西里·安德烈伊

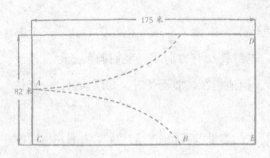

图8-5 威尼斯圣马尔克广场的实验示意图

142

奇正策马狂奔，向着一个他没来由地以为是树林和护林小屋的地方赶去，路上风雪下得很大，这使他不得不向前弯下身子，拉过皮袄衣襟遮挡住他的身子和他坐下的马鞍，同时驱马向前。

他以为自己已经向前走了五分钟了，可他只看到马头和白色的荒原，并没有看到自己认为应该有的东西，耳边只有马蹄声和自己皮衣的衣领的风的呼啸。

这时他看到眼前似乎有一团黑黑的东西，他顿时欣喜若狂，急忙向这黑东西走去，甚至他都能看到村里房屋的墙了。但这团黑东西却一直在左右晃动，显然，这并不是村庄，而是田埂上的在狂风中拼命摇摆的高高的蒿草，它从积雪下冒出头来，狂烈的寒风又把它压向一边，这使得它发出了呜呜的声音，蒿草被狂风折磨着的样子猛然使瓦西里·安德烈伊奇的心头震颤，他驱马向蒿草走去，但这时他却不知道，他原本的方向已经完全改变了，他正在走向另一个方向，可他却觉得自己仍然还在向小屋的方向走呢。

不一会儿，他又看到前面有个黑黑的东西了。他很兴奋，认为这次一定是村庄了。可走近一看，发现又是蒿草正在拼命迎风抖动，这使瓦西里·安德烈伊奇感到莫名的害怕。他看到蒿草旁边有模糊的马蹄印，被风刮下来的雪花盖住了。瓦西里·安德烈伊奇走近仔细一看，这马蹄印上盖着薄雪，这个马蹄印只可能是自己留下的，这说明，他一直在不大的范围里绕圈子。

挪威生理学家古德贝克曾经在1896年专门研究了蒙眼转圈的现象，还搜集了很多经过验证且真实有效的事例，以下是其中两例：

一个风雪之夜，三位值勤的人想离开岗棚，向家里赶，这就需要他们走出宽4千米的山谷。如8-6所示，图中用虚线指示的方向就是他们的家。在途中，他们不知不觉地向左沿着右侧箭头的曲线方向走去。走了一会儿，他们看了看时间，觉得自己应该到达目的地了，可事实上他们却

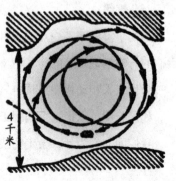

图8-6 三位值勤者迷路示意图。

图 8-7 在大雾的天气里划船横渡海峡

又回到了离开时的岗棚。他们不得不重新上路，可他们又一次发生了严重的偏离，再次回到了出发点。这种情况重复了几次。他们几乎绝望了，于是又开始了第五次尝试，仍然得到了同样的结果。无奈之下，他们只好选择放弃，准备等到天亮再从山谷走出去。

在漆黑又没有星星的夜晚，或者是浓雾弥漫的天气里，在海上行船时想要走直线就太难了。来看下面这个普遍的案例：在大雾笼罩的天气里，划船的人想要横渡一个4千米宽的海峡，他们两次划到对岸附近，却始终没有到岸边，却在海上绕了两个圆圈。后来他们终于登陆后才发现，这个岸居然是自己的出发地（图8-7）。

很多动物也曾有过迷路的经历。极地探险家们曾经说过那些拉雪橇的动物经常会在冰雪荒原上转个大圆圈。如果蒙上狗的眼睛，再把它们放到水中让它们游泳，狗就会在水里面转圆圈。飞鸟的眼睛瞎了，它们就会在天空中绕圈子。野兽被猎枪打伤受到惊吓，从而失去辨别方向的能力，逃窜的时候跑的也是螺旋线而非直线。

动物学家证明了一点，小蝌蚪、螃蟹、水母，或水中的微生物阿米巴——它们的行迹都是弧形的。

为什么人和动物在黑暗中只会走曲线而无法走出直线呢？

如果我们可以把这个问题正确地提出来，那么它将变得不再神秘。

我们问它们为什么会走曲线是错误的，而是应该问要让它们走直线需要什么条件？

还记得装有发条的玩具汽车如何行驶吗？它往往不会沿着直线向前跑，而是窜到一边去。

对于小汽车的这个现象，可能谁都没有注意到它的神奇性。也许你会认为出现这种现象的原因是左右车轮不一样大。

只有人或动物左右两侧的肌肉的运动完全一样时，他们才能在不依靠眼睛的情况下走直线。可人和动物的身体生长发育使得两侧的肌肉不可能完全均衡，这就是问题所在，大部分人和动物身体的右侧肌肉都比左侧肌肉发育得更强壮些。

人在走路时，如果他的右腿迈步比左腿大些，那么他走路时就无法走出直线，当然会不自觉地向左侧偏转了，这种情况是在不依靠眼睛来帮他修正路线的情况下，划船的人也一样，在海上遇到大雾的天气而无法辨别出方向时，如果他划船时右臂划桨的力度比左臂大，那么船一定会偏向左边。这是几何学上是必然的事。

如果一个人左腿迈出的步伐比右腿长 1 毫米，两条腿都迈出一千步后，那么它的左腿所走的路就比右腿多出 1000 毫米，就是 1 米。这就说明，两条腿不可能永远走平行线，但走出来的是两个同心圆的圆周。

我们可以观察前面在雪谷里绕圈的图，从而计算出几位旅行者的左腿迈出的步子比右腿大多少(由于他的方向向右偏,所以他的左腿步伐一定比右腿大)。人在行走的时候，左右两腿的间距约为 10 厘米，也就是 0.1 米（图 8-8）。当一个人走出一个全圆周时，那么他的右腿走过的路为 $2\pi R$，左腿为 $2\pi (R + 0.1)$，公式中的 R 为这个圆周的半径，单位为米。那么两者之差为：

$$2\pi (R + 0.1) - 2\pi R = 2\pi \times 0.1,$$

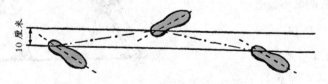

图 8-8 行走时左右脚的足迹线

也就是 0.62 米，或是 620 毫米，这个差值就是左右腿行走距离的差，两条腿的反复次数与步数相同，由图 8-7 可知，几个旅行者走出的圆的直径约为 3.5 千米，那么它的周长约为 10 000 米，假设每一步为 0.7 米长，则这段路为 $= \dfrac{10\ 000}{0.7} \approx 14\ 000$ 步，这时左右脚分别迈出 7 000 步。且左脚的 7 000 步比右脚的 7 000 步走出的距离多 620 毫米。那么，左腿比右腿迈出一步长 $\dfrac{620}{7\ 000}$ 毫米，小于 0.1 毫米。左、右腿的步长看上去差别非常小，但却能产生让人惊奇的结果。

迷失方向的人走出来的圆的半径是由两只脚的步伐差决定的，这个道理很简单。步长为 0.7 时，走出一个圆时迈出的步数为 $\dfrac{2\pi R}{0.7}$，其中 R 为圆的半径，单位为米；左右脚步数相同，为 $\dfrac{2\pi R}{2 \times 0.7}$，把这个步数乘以步长差 x，就是左右两脚走出的两个同心圆的差值：

$$\frac{2\pi \times Rx}{2 \times 0.7} = 2\pi \times 0.1$$

或 $Rx = 0.14$，其中 R 和 x 的单位为米。

利用这个步差就能用简单的公式轻松地计算出圆圈的半径，相反，在已知这个半径的情况下，也可以求出步差。比如说已知在圣马尔克广场上做实验的人走出的半径，由于没人走到教堂正对面 DE（图 8-9），那么根据 $AC = 41$ 米和小于 175 米的半弦，就能计算出 AB 圆弧的最大半径 BC 为：

$$BC^2 = 2R \times AC - AC^2$$

取 BC 为 175 米，得出：

$$2R = \frac{BC^2 + AC^2}{AC} = \frac{175^2 + 41^2}{41} \approx 788 \text{ 米}。$$

所以这个最大半径为 394 米左右。

这时就可以从公式 $Rx = 0.14$ 米中计算出步长的最小数值：

$$394x = 0.14,$$

$$x \approx 0.4 \text{ 毫米}。$$

实验参与者的左右腿步长差约为

图 8-9 如果每步的角度相同，步长也就相等

0.4毫米。

有这样一种解释：左右两腿长度不同使得有的人在盲目行进的过程中转圈圈，由于大多数人的左腿比右腿长，所以他们会不自觉地向右偏离。这样的解释是错误的。起着重要作用的不是两条腿长短不一，而是步长差。如图8-8所示，如果迈出的每一步角度都一样，那么$\angle B_1 = \angle B$。因为A_1B_1和AB总是相等的，B_1C_1也和BC相等，则$\angle A_1B_1C_1 = \angle ABC$，所以，$AC = A_1C_1$。如果行进时一条腿迈得比另一条腿迈得远，那么就算两条腿长度相同，步长也不可能相同。

划船时会发生偏离的原因和这个原因很像，普遍划船的人划船时，他们的右臂用力都比左臂用力大些，所以他一定会使船偏向左侧，转起圈子。那些左右脚步长度不同的动物，还有左右翅膀用力不相同的飞禽，当它们控制直线运动方向时如果没有了眼睛的帮助，就算它们两臂、两腿或两翅的力度相差非常小，那它们也会在原地转圈。

这时再看前面介绍的事实，你就会觉得它不再神奇，那是理所当然的。如果人或动物没有眼睛来判别方向，就不可能保持直线运动。因为直线运动的必要条件就是身体的各个部位要达到严格的几何对称，但这种对称对生物界来说是完全不可能的。数学意义上的完全对称出现一点点偏差就会造成弧线运动。其实我们现在研究的问题并不奇怪，我们过去曾经认为正常的事才是错误的。

对于人类来说，行进的时候无法保持直线不会形成什么严重干扰：因为一般情况下都可以借助指南针、道路、地图来避免这个缺陷造成的后果。

但这对于那些生活在荒漠、草原或无边无际的海洋中的动物情况就很严重了：这种身体的不完全对称性使它们无法直行，只能转圈，使它们的生命受到严重的威胁，像一条锁链一样捆绑着它们，让它们无法逃离。但闯入荒原的雄狮可以返回原地。海鸥离开自己的巢飞向茫茫大海还能再飞回来（而且这些鸟类可以以直线长途飞行，飞越大陆和海洋）。

8.8 没有工具的测量

马因·里德小说中的那位少年旅行家能在黑暗的底舱顺利解出几何题，只

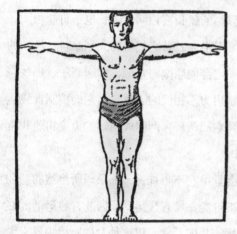

图 8-10 达·芬奇的定则

是因为他不久前量过自己的身高并把它记了下来。如果每个人都能有这样一个"活体尺子"以备随时测量之用该多好啊！下面是天才的画家、科学家达·芬奇发现的定则，记住这个定则，对你是很有帮助的：向左右平伸自己的两臂，则两手指尖的间距和他的身高相等，当然这只是指大多数人（图 8-10）。这条定则比马因·里德作品中的少年所用的"活体尺子"还要简便。

一个成年人平均身高为 1.7 米，或 170 厘米。但只依靠这个平均数值是不行的，每个人都应该对自己的身高和双臂进行一下实际测量。

在没有测量工具的情况下，想要测量尺寸，最好能记住自己身体部位的几个长度，比如，大拇指和小拇指岔开的长度（图 8-11）。一般成年人的两指

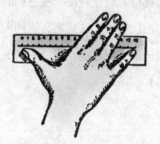

图 8-11 测量两指指尖的距离图

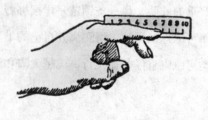

8-12 测量食指长度

间距约为 18 厘米，青年人的略小些，25 岁之前，这个距离会随年龄的增长而增大。

还有一个长度就是食指的长度。测量食指长度的方法有两种：一是从中指指根算起（图 8-12）；还有一种是从拇指根算起的。还有食指和中指叉开的距离，我们也应该知道，一般成年人约为 10 厘米（图 8-13）。另外，手指并拢的宽度最好也知道，一般成年人三个手指的宽度为 5 厘米左右。

知道这些数据后，就可以徒手对物体进行测量了，在黑暗中也一样方便，如图 8-14 所示，这个人在用手指测量杯子的周长，经过测量得出这个杯子的周长平均值为 18 + 5，就是 23 厘米。

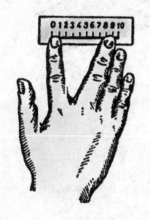

图 8-13 测量两指尖的间距

图 8-14 用手测量杯子的周长

8.9 黑暗中的直角

再看马因·里德作品中的少年做所的数学演算，试着计算一下：他是怎样做出一个比较准确的直角的？对此，小说中是这样描述："我把长杆垂直贴在露出的木条上，和它形成直角。"在黑暗中只靠手指的触摸做这件事，出现的误差可能会很大。但那个少年却在这样的环境中用非常好的办法做了一个准确的直角。他用的是什么办法呢？

把三根木条按勾股定理构成一定长度的三角形，其中一个角一定是直角。最简单的尺寸就是三边长度分别为 3、4、5，以它们为三边构成的三角形就是一个直角三角形（图 8-15）。

这个方法是几千年前古埃及人修筑金字塔时采用的方法，直到现在，还有很多建筑施工在用这个方法。

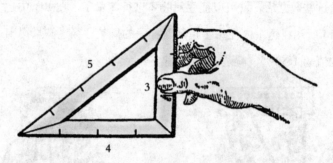

图 8-15 一个边长都是整数的简单直角三角形。

第9章

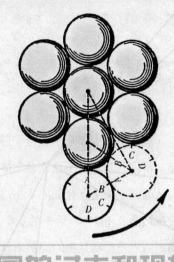

圆的过去和现在

9.1 埃及人和罗马人的实用几何学

现在中学生都是用直径来计算圆的周长的，这样计算出来的圆周长的数值非常精确，甚至高于建筑金字塔和罗马建筑的工匠计算时候的精确度，古埃及人认为圆周长是直径长的 3.16 倍，而古罗马人则认为是 3.12 倍，其实这个倍数应该是 3.14159…后来的数学家都是凭借自己的经验，运用严格的几何学来确定圆周长度和直径的比例来计算的，而埃及和罗马的数学家却不是这样做的。但他们为什么会有这么大的误差呢？他们不知道可以把线绕着一个圆转一圈，再把线拿下来测量长度吗？

是的，他们的确是这样做的。但这样的做法不一定就能管用。假设一个圆底花瓶，它的直径是 100 毫米。瓶底的圆周长为 314 毫米。但在实际操作中，可能会出现 1 毫米的误差，这样一来，π 的值就是 3.14 或 3.15 了。而且你测量出的底的直径也不一定完全准确，也可能会有 1 毫米的误差，所以，π 的值应该在一个范围内：

$\dfrac{313}{101}$ 到 $\dfrac{315}{99}$ 之间，

换算成小数就是在 3.09 到 3.18 之间。

用上述方法解出 π 的值不一定是 3.14，有可能是 3.1、3.12、3.17 等。在计算出来的结果中，有可能会有 3.14，但看起来这个数值和其他数值没有什么区别。

想要计算出准确的 π 值，用这样的实验是不可能实现的。现在你就知道为什么那些古人不用测量法，也不知道圆周长和直径的正确比值，而是用阿基米德的推理法求出 π 值为 3。

9.2 π 的精确值

我们看到，阿拉伯数学家穆罕默德·本·木兹在自己的著作《代数学》中这样说：

最简便快捷的方法就是把直径乘以 $3\frac{1}{7}$，没有其他更好的办法了。

现在的人都知道，阿基米德的 $3\frac{1}{7}$ 并不能准确表达圆周长和直径的关系，其实这个比值是无法用一个精确的分数表示出来的，即使写出了一个比值，那也只是近似的比值，对于我们日常生活需求来说，它已经足够精确了。16 世纪荷兰数学家卢多尔夫在荷兰的莱顿市耐心地把 π 的值计算到小数后 35 位，

临死前，他还立下遗嘱，要求把他计算出来的这个 π 值刻在他的墓碑上[①]（图 9-1）。他计算出来的 π 值为：

3.14 159 265 358 979 323
846 264 338 327 950 288…

1873 年，德国的圣克斯把 π 值计算到了小数点后 707 位，但这样精确的 π 值没有实际价值，虽然这样，但有的人还是在往后计算 π 值，无非是想破圣克斯的"纪录"：1946～1947 年，曼彻斯特大学的弗格森和华盛顿的伦奇分别

图 9-1 数学家卢多尔夫的墓志铭

①这时还没有广泛运用符号 π，著名的俄国科学院院士、数学家欧拉在18世纪的中叶引入符号 π 并推广。

把 π 值计算到小数点后 808 位，并且发现圣克斯计算的 π 值的 528 位以后是错误的。

假设地球的直径是一个精确的长度，我们要计算地球赤道长度精确到厘米时，在计算的时候只要取 π 值小数点后的 9 位即可，如果我们取了 π 值小数点后的 18 位，那么我们就可以计算以地球到太阳的距离为半径的圆周长度了，而且这样计算出来的误差非常小，在 0.0001 毫米之下（比一根头发的百分之一还要细）。数学家格拉韦清楚地证实了一点，那就是把 π 值精确到小数点后一百位就已经毫无意义了。他设想有这样一个球体，它的半径是从地球到天狼星的距离，就是等于在 132 后面再加十个零的千米数：132×10^{10} 千米。把这个球体中每一立方毫米中充满 100 亿个（10^{10}）微生物，然后把这些微生物排成一条直线，并使它们的间距正好是天狼星到地球的距离，那么把这个长度看成是一个圆周的直径，如果取 π 值取到小数点后 100 位的话，就可以把圆周长度精确到 $\frac{1}{1\,000\,000}$ 毫米。法国天文学家阿拉戈针对这一问题有自己的看法："就精确度来说，如果圆周长度和直径之间有一个可以精确表示这个比值的数字，那对我们来说也可能毫无意义。"

其实在日常生活中用到 π 值时，只要记住小数点后两位（3.14）就够了，如果是需要更精确的计算，那么就需要小数点后四位（3.1 416：根据四舍五入的原则，最后一位数由 5 进 6）。

短句比数字更容易被人记住，所以人们为了能记住 π 值，就想出了一些特别的诗句。在这类诗歌中，选择的词汇的字母数都和 π 值的数字是谐音。

例如：

山颠一寺一壶洒，（3.14159）

儿乐，苦熬吾。（26535）

把酒吃，酒杀儿（897932）

杀不死，乐儿乎。（384626）

9.3 杰克·伦敦的错误

杰克·伦敦的小说《大房子的小主妇》中这样一段描述，为几何学计算提供了一个题材。

一根钢杆深深地扎入土地里，直挺挺地立在田地上。钢丝绳的一端系着钢杆顶部，另一端用力拉直，固定在田边的拖拉机上。机械师操作发动机开始工作。

拖拉机要以钢杆为中心，画一个圆。

"这时你只要把拖拉机画出来的圆形变成正方形，这样就能彻底改进这台拖拉机的工作，"格列汉这样说道。

"是啊！耕作这种方形的田地不宜用这种方法，这样会丢弃很多土地。"

格列汉算了算说：

"每十英亩大约会丢弃三英亩"。

"实际数目只会比这个数目多。"

这是他的计算结果，请验算一下它正确与否。

他的计算是不准确的：丢弃的土地不到全部土地的 $\frac{3}{10}$。假设这块方形地的边长为 a，面积就是 a^2。它的内切圆直径也是 a，那么这个内切圆的面积就是 $\frac{\pi a^2}{4}$。那么这块方形空地被丢弃的部分是：

$$a^2 - \frac{\pi a^2}{4} = (1 - \frac{\pi}{4}) a^2 \approx 0.22 \, a^2.$$

9.4 掷针实验

其实还有一个巧妙的方法能计算 π 值：找一根约为 2 厘米长的缝衣针，把针尖折断，使它的粗细均匀。

再在纸上画出几条细线，并使它们相互平行，且每两条线的间距是针长的两倍。然后把针拿到高空，松开手使它从任意的高度掉落在纸上，看一看针有没有和纸上的某条直线相交（图 9-2，左）。可以在白纸底下铺一层棉布，这样针掉在纸上就不会跳起来。这样的投针动作要重复上百次甚至上千次，记录下针投下去和直线是否相交[①]的情况。最后以投针的总次数除以针与直线相交的次数，这就是 π 的近似值了。

我们来解释一下这个原理。如果我们选用的针长度为 20 毫米，投下的针和直线相交最可能的次数为 K，那么它们相交时，交点一定在 20 毫米中的某处，所以，针的任一毫米与直线相交的可能次数就是 $\frac{K}{20}$。针上长 3 毫米的一段与纸上的直线相交次数为 $\frac{3K}{20}$，长 11 毫米的就是 $\frac{11K}{20}$，依此类推。也就是说，投下的针与纸上的直线最有可能的相交次数和针的长度是成正比的。

如果针是弯曲的，那么这个比值也是对的。如果针的弯成图 Ⅱ（图 9-2，右）的形状，而且针的 AB 段为 11 毫米，BC 段为 9 毫米。AB 段最有可能相交的次数是 $\frac{11K}{20}$，BC 段是 $\frac{9K}{20}$，那么全针就是 $\frac{11K}{20} + \frac{9K}{20}$，结果仍然是 K。也可以把针弯曲如图 9-2（Ⅲ）这样复杂的状态，但相交的次数也

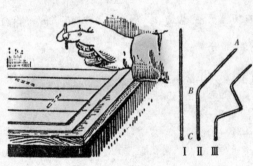

图 9-2 布丰的掷针实验

①如果针的一头碰到一条直线，这样的情况也可视为相交。

和上述情况一样（注意，在投针时，有可能针的两处同时与直线相交，由于计数的时候，针的每一段与直线的相交都是单独记录的，所以这样的情况应该算作是 2 次投掷 2 次相交。）

如果把针弯成了一个圆形，它的直径和纸上的两条直线间距相等（它的直径比我们方才的针长一倍）。这个圆形的针每次投下，都应该会与某种条线相交（也有可能同时与两条直线相触及。）假设总共投针 N 次，相交次数是 $2N$。我们前边用的直针长度比这个环短，它们之间的比值就是圆环半径和圆周长的比值，就是 $\frac{1}{2\pi}$。我们知道，最有可能相交的次数和针的长度是成正比的。因此针与直线的相交次数 K 和 $2N$ 的比值应是 $\frac{1}{2\pi}$，则 K 等于 $\frac{N}{\pi}$。那么：

$$\pi = \frac{N}{K} = \frac{掷针次数}{相交次数}$$

仔细观察一下，有没有发现一个问题，就是掷针的次数越多，得到的 π 值精确度越高。19 世纪中叶时，瑞士的天文学家沃尔夫曾观测过画有数条平行直线的纸上掷针 5 000 次，得出的 π 值为 3.159…这个结果已经非常精确了，仅次于阿基米德计算出来的数字。

是的，π 值是可以通过实验计算出来的，而且也不用画圆、不需要圆规或量直径。哪怕你对几何学一无所知，也可以用这样无数次的掷针实验得到 π 的近似值。

9.5 圆周的展开

在日常生活中用到 π 值时，用 $3\frac{1}{7}$ 来计算就足够了。以圆周为 $3\frac{1}{7}$ 个直径数值来度量并把圆周展开在一条直线上（很容易就可以把一条线段分成七等分）也可以。展开圆周的方法还有很多，比如那些木匠或铁匠们在实际操作中用到的方法。在这里，只向大家介绍一种最简便又精确的方法。

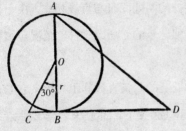

图9-3 把圆周展开的几何方法示意图

圆 O 的半径为 r，要把它展开（图9-3），要先作出它的直径 AB，再在 B 点上作一直垂直于 AB 的直线 CD。再从圆心 O 作一条直线 OC，使它和 AB 成 $30°$ 角。再从 C 点开始，沿着直线 CD，取一条线段，使这条线段的长度等于这个圆周三个半径长度，得到 D 点。连接 D、A 两点。AD 线段的长度是圆周长度的一半。如果把 AD 延长一倍，得到的就是展开后的圆周的长度近似值，这个误差非常小，在 $0.0002r$ 以下。

这个方法有什么理论根据呢？

由勾股定理得：$CB^2 + OB^2 = OC^2$。

半径 OB 为 r，且 $CB = \dfrac{OC}{2}$（CB 边为直角三角形中 $30°$ 角所对的直角边）。那么：

$$CB^2 + r^2 = OC^2,$$

所以 $CB = \dfrac{r\sqrt{3}}{3}$。

在三角形 ABD 中：

$$BD = CD - CB = 3r - \frac{r\sqrt{3}}{3},$$
$$AD = \sqrt{BD^2 + 4r} = \sqrt{(3r + \frac{r\sqrt{3}}{3})^2 + 4r^2}$$
$$= \sqrt{9r^2 - 2r^2\sqrt{3} + \frac{r^2}{3} + 4r^2} = 3.14153r.$$

把这个计算结果和精确的 π 值（3.141 593）相比，误差是非常小的，只有 0.00 006r。如果我们用同样的方法，展开一个半径为 1 米的圆周，那样计算出来的 π 值误差只有 0.00 006 米，全圆周的误差也只有 0.00 012 米，就是 0.12 毫米（只有头发的粗细）。

9.6 关于方圆

对于"方圆问题"，你一定不会陌生。早在两千多年前，它就是令数学家们绞尽脑汁想要解出的几何难题。在读者中，或许也有人想要解出这道题。但更多的人不明白这道题究竟难在何处。有的人只知道这个问题难解，却不知道它的难解之处在哪里。

其实数学中有很多难题看上去比方圆问题更有趣，但它们都不如方圆问题那样出名。数不清的杰出的数学大师和业余爱好者在这两千多年中为了解开这道题而费尽心力。

要解方圆问题，首先要有一个与给出的圆面积完全相等的正方形。人们在日常生活中也经常遇到这样的问题，而且也把它解了出来，只是精确程度不同而已。但这个题目要求的是作出一个和已知圆面积完全相等的正方形图，可以用这两种方法：（1）以一个已知点为圆心作出已知圆半径的圆；（2）通过两个已知点作一条直线。

也就是说，完成这个作图过程，只需要圆规和直尺两种工具。

数学界以外的人都认为这道难题之所以困难，是因为 π 值无法用有限数来表示。其实只有在题目的解答方法取决于 π 值的特殊性时，这种看法才是有道理的。其实要把一个矩形变成和它面积完全相等的正方形是很简单的事。而方圆问题最大的难点就是要把一个圆变成和它面积相等的矩形。也就是说，要用圆规和直尺作出两个面积完全相等的圆和矩形。圆的面积公式为 $S = \pi r2$，也可以写成是 $S = \pi r \times r$，由公式可以把圆的面积看成是一个矩形的面积，后面这个公式中，r 为一条边，另一条边则是 r 的 π 倍。这就是难点，要作一条是已知线段 π 倍的线段，π 的值不是 $3\frac{1}{7}$，不是 3.14，也不是 3.14159，而是一个没有穷尽的数字。

早在 18 世纪时，π 的无理数性质[①] 就被数学家兰贝特和勒让德证实了。但那些想要求解方圆问题的爱好者们虽然了解 π 的无理数性质，但仍旧义无反顾地继续自己的求解之路。他们总认为 π 的无理数性质给解答这个题目带来无法改变的影响。有些无理数的确可以比较精确地用几何学作图作出来，比如说要作一条线段，要求是已知线段的 $\sqrt{2}$ 倍，$\sqrt{2}$ 和 π 值一样，也是无理数。虽然这样，但这个题目是非常简单的，只要以已知线段为边长作一个正方形，那么它的对角线就是它边长的 $\sqrt{2}$ 倍。

假设一个圆中的内接等边三角形的边长为 a，那么你可以轻松地作出 $a\sqrt{3}$ 线段。看下面这个无理式，根据这个无理式作图，其实这个问题看起来难，作起来是很简单的：

$$\sqrt{2-\sqrt{2+\sqrt{2+\sqrt{2\sqrt{+2}}}}},$$

根据这个无理式作出的图是一个正六十四边形。

要根据无理式作图，有时候是可以用到圆规和直尺作图的。方圆问题难解的原因不完全因为 π 值是无理数，也由于 π 值不是代数学的一个数，不可能是某种具有有理系数的方程式的根。这种数就是"超越数"。

4 世纪法国的数学家维也特证明：

$$\frac{\pi}{4} = \cfrac{1}{\sqrt{\frac{1}{2}} \times \sqrt{\frac{1}{2}+\frac{1}{2}\sqrt{\frac{1}{2}}} \times \sqrt{\frac{1}{2}+\frac{1}{2}\sqrt{\frac{1}{2}+\frac{1}{2}\sqrt{\frac{1}{2}}}} \cdots}$$

如果列入这个算式中的 π 值是有限数（那样就能用几何学方法根据这个算式作出图），这个算式就能解出方圆问题。但这个算式中的求平方根的次数是无穷的，所以维也特的方法没有任何实际意义。

方圆问题之所以不可解，就是因为 π 值的超越性。也就是说它的值在有理系数的某种方程式中是无法求出结果的。1889 年，德国数学家林德曼就证明了 π 值的这一特点，并证实了用几何学作图方法是无法解出方圆问题的。

---

① 无理数的特点就是它无法用一个精确的分数来表示。

虽然这个答案是否定的，但他仍然算得上是唯一一位解决了方圆问题的人。从此数学家们结束了几百年对方圆问题的探寻，但仍然有很多学艺不精的业余爱好者还在试图解开这一难题。

其实对于方圆问题，在实际生活中根本不需要把它解出来。很多人认为解出方圆问题能给实际生活带来很大的益处，这个想法是不对的。在日常生活中，只要会使用适当的近似求解方法就足够了。

其实把 π 值计算到七八位以后，它对于方圆问题的解答就已经开始没有什么实际意义了。在实际生活中只要知道 π = 3.141 592 6 就可以了。它对任何长度的测量都已经是足够的了。所以在计算时没必要取八位以上的 π 值：因为计算的精度也并不会因此有所提高①。如果你要计算的半径是七位数的，那么就算把 π 值取到八位以上，圆周长的有效位数也不会有比七位再多的数字了。长久以来，为了求出更精确的 π 值，古代数学家们付出了巨大的劳动，其实这是毫无意义的。而且，这种劳动在科学上也起不到什么大的作用。只要有足够的耐心就可以做到，如果你有这个兴趣，可以利用莱布尼茨②求出的无穷级数，找到 π 值的 1000 位数字：

$$\frac{\pi}{4} = 1 - \frac{1}{3} + \frac{1}{5} - \frac{1}{7} + \frac{1}{9} - \cdots$$

但任何人都不需要这个算式，因为它对解出这道著名的几何难题一点实际意义也没有。

法国天文学家阿拉戈这样写道：

那些想要解答方圆问题的人，坚持不懈地研究着这个问题。目前人们早已知道这道题是不可解的，但仍然要不断地演算它，即使有了结果，也是毫无实际意义的结果。这些人已经失去了理智，他们只想破解方圆问题，根本不理会事物本身的意义，这是一种病态的追求。

最后这位法国天文学家这样讽刺道：

①参见别莱利曼的《趣味算术》。

②做这类工作需要非常大的耐心，因为如果要得到六位数的 π 值就要在上面的式列中取出 2 000 000 项。

国家的科学院一直在反对人们这种对方圆问题的盲目求解，在这过程中发现了一个问题，就是这种病症通常在冬末春初时最为严重。

9.7 宾格三角形

我们来研究一下求解方圆问题近似结果的方法，这能给我们的生活带来便利。

方法如下：找出 a 角（图 9-4），并使直径 AB 与形成 a 角的另一边 $AC = x$，它就是要求的正方形的边。要求这个角的度数，就要借助三角学知识了：

$$\cos a = \frac{AC}{AB} = \frac{x}{2r},$$

r 为圆的半径。

也就是说，未知的正方形边长 $x = 2r\cos a$，它的面积就是 $4r2\cos2a$。而这个正方形的面积也应是 $\pi r2$，也就是圆的面积，所以：

$$4r2\cos2a = \pi r^2$$

所以：$\cos2a = \dfrac{\pi}{4}$，$\cos a = \dfrac{1}{2}\sqrt{\pi} \approx 0.886$。

由三角函数关系得出：

$$a = 27°36'.$$

所以这时只要作一条与直径成 27°36′ 的弦，就能得到和这个圆的面积相等的正方形的边长了。在实践中，可以找一块作图用的三角板①，它的锐角是 27°36′（另一锐角是 62°24′）。用这个三角板就能求出任意和圆面积相同的正方形的边长了。

如果你想制作这样一块三角板以便作图用，那么下面的这个提示可以帮助你。

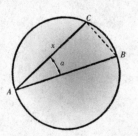

图 9-4 俄国工程师宾格解

方圆问题示意图

---

①这个方法是 1836 年时，俄国工程师宾格提出的。上述三角板也是由他的名字命名的。

27° 36′角的正切值为 0.523，或是 $\frac{23}{44}$，那么这个三角形的两个直角边的比为 23 ：44。所以在制作三角板时，要取两边分别长为 22 厘米和 11.5 厘米，这样就可以得到我们所要的角度了。当然，普通作图时，这个三角板也能派上用场。

9.8 是头还是脚

儒勒·凡尔纳作品中的一位主人公统计过，在环球旅行中，他的头和脚哪一部分走的路程更长。这个题目在某种意义上称得上是一个很有教育意义的题目。例如：

你沿着赤道绕地球一周，你的头比你的脚多走了多少路？

双脚走的路为 $2\pi R$，R 为地球半径。你的头走过的路为 $2\pi (R+1.7)$，1.7 米是你的身高。两者的路差为：

$$2\pi (R+1.7) - 2\pi R = 2\pi \times 1.7 \approx 10.7 \text{ 米}。$$

所以说，头比双脚多走了 10.7 米。

计算中并没有地球的半径，这让人感到惊奇。所以说不管你在地球上还是别的星球上，这个结果都是一样的。

一般来说，两个同心圆的圆周长之差并不取决于它们的半径，而是由两个圆周的距离决定的。地球轨道上增加了一毫米对周长的影响与一枚五分硬币的半径增加一毫米对周长的影响一样。

下面这道几何题非常有趣，是一道几何学佯谬[①]题，许多几何游戏题集都

---

①佯谬就是貌似虚假的真理，而貌似真理的谬论则是诡辩，这两者截然不同。

引用过它。

如果沿着赤道紧紧围上一圈铁丝，如果把铁丝的长度增加一米，老鼠能不能从铁丝和地球之间的缝隙钻过去呢？

也许你会认为，铁丝增加的一米对于长道为 40 000 000 米来说空隙一定很小，其实这个空隙为：

$$\frac{100}{2\pi} \approx 16 \text{ 厘米}。$$

这个空隙不仅老鼠能钻过去，即使是一只猫也一样可以钻过去。

9.9 围绕着赤道的钢丝

如果在地球的赤道上紧紧地围上一根钢丝，假设这根钢丝被冷却1°，会有什么变化发生呢？由于冷却，钢丝就会急剧收缩。如果在收缩的过程中，钢丝并没有断裂或拉长，那么钢丝会被勒入地面多深呢？

1° 的降温看上去似乎并不能使钢丝勒进地面，但事实却恰恰相反。

虽然钢丝只被冷却了 1°，但它的长度却要缩短十万分之一。由于钢丝紧紧围绕着赤道，所以它的长度为 40 000 000 米，这是赤道的长度。经过计算，钢丝被冷却 1° 后，应该缩短 400 米。但由钢丝形成的圆周半径减少的长度却不到 400 米，要知道半径减少的长度，就要用 400 米除以 6.28（2π）。得出这个长度为 64 米左右，虽然钢丝只被冷却了 1°，它遇冷而收缩，或许你会认为它只会勒进地面几毫米，实则不然，它会勒进地面 60 多米。

9.10 事实和计算

如图 9-5 所示，这是八个大小相同的硬币。其中七个硬币被涂上了阴影线，它们是静止不动的，第八个没有阴影线，它沿着七个硬币的边缘滚动（不是滑动）。这枚硬币绕着这七个硬币一周，要自转多少圈？

要解答这个题目，你可以动手操作一下。把八个大小相同的硬币摆放在桌上。按图 9-5 中把七个硬币固定住，把第八个硬币沿着七个硬币的边缘滚动，你要看好硬币上的数字，当数字回到起始位置，就说明它转了一圈。

这个实验你要实实在在地做一遍，而不要只凭想象，做过实验后你会发现，这枚硬币只需要转动四圈。

现在让我们来思考这道题，解出它的答案。

首先我们先要知道，滚动的硬币在绕过每一个静止不动的硬币时划出的弧线是什么样的。我们可以想象一下，移动的圆从"土丘"A 上向两个静止不动的圆之间的最近的一个"地沟"滚动（图 9-5 虚线）。

从图中可以看出，没有阴影线的圆滚过的弧线 AB 包含 60° 角。每个静止的圆上都有两个这样的弧线，它们构成了 120° 角的弧线，或是 $\frac{1}{3}$ 圆周，所以无阴影线的圆在滚过每个静止的圆的 $\frac{1}{3}$ 圆周后，它自己也自转了 $\frac{1}{3}$ 圈。静止的圆为 6 个，也就是说，这个滚动的圆在这个过程中只自转了 $\frac{1}{3} \times 6 = 2$ 圈。

得出的答案和实验的结果完全不同，但事实是最有说服力的，如果事实和你的计算结果不同，那只能说明你的计算是有错误的，那么，是哪里出错了呢？

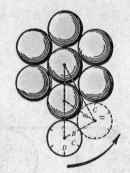

图 9-5 无阴影线的硬币绕着有阴影线的硬币滚一周，会自转多少圈

从图9-5中所示，我们看到了当滚动的圆沿着 $\frac{1}{3}$ 圆周长的直线段滚动时，硬币的确是自转了 $\frac{1}{3}$ 圈。但如果它是沿着曲线弧线滚动的话，那么按上述计算就是错误的了。这个滚动的圆滚过相当于它自身周长的 $\frac{1}{3}$ 弧线时，是自转了 $\frac{2}{3}$ 圈，而不是 $\frac{1}{3}$ 圈，所以，当它绕着6个静止的硬币一周后，它要转动：

$$6 \times \frac{2}{3} = 4 \text{ 圈}。$$

从下面的解释中，你相信这个结论的正确性了。图9-5中的虚线画出了滚动的圆在沿着静止圆弧线 AB（60°）滚动后的位置就是这面弧线占圆周长六分之一的位置。在这个圆的新位置上，是 C 点占据着圆周上的最高点，而不是 A 点。这就说明圆周上的每个点都各自转动了120°，就是圈 $\frac{1}{3}$。在静止的圆上要滚过120°角的距离就相当于滚过一整圈的 $\frac{1}{3}$。

所以说如果滚动的圆沿着曲线或折线的路径滚动，那么它的自转圈数就和沿着同样长度的直线路径滚动的圈数不同。

这个问题我们还要再对它作一些几何学方面的解释，否则这样简单的解释很难让人信服。

假设一个圆沿着一条直线滚动，圆的半径为 r。它在 AB 线段上转动了一圈，这条线段的长度就是圆的圆周长（$2\pi r$）。现在我们在 AB 直线段的中心处 C 点把它折弯（图9-6），并把 CB 线段折成相对于初始位置成 a 角的方向。

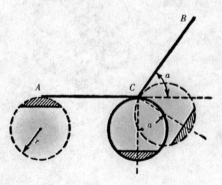

这时，滚动的圆滚动了半圈时到了 C 点处，为了使它还会在 CB 线段上的 C 点滚动，和自己的中心一起转向与 a 角相等的角度（两个角度各有相互垂直的边，且两角相等）。

滚动的圆沿着线段滚动到折线的位置，但没有再向前移动。这就

图9-6 滚动的圆沿着折线滚动产生的空转原理

造成了比沿直线滚动转动一整圈多出来的空转部分。

这个空转部分占了旋转一整圈的一部分，这部分就构成了 a 角和 2π 的比，也就是 $\dfrac{a}{2\pi}$。滚动的圆沿着 CB 线段转动了半圈，沿着折线 ACB 却只转动了 $1+\dfrac{a}{2\pi}$ 圈。

如图 9-7 所示，你应该知道这个动圆沿着一个正六边形的外沿滚动要转多少周了。显然，它转动的周数是它沿直线路径可能转动的周数，这个路径和一个六角形的周长相等（边长总和），再加上等于六角形六个外角和除以 2π 的商数的圈数。由于任意一个外边形的外角和是相等的，等于 2π，则 $\dfrac{2\pi}{2\pi}=1$。

滚动的圆绕着一个六边形或任何一个多边形滚动和绕着与这个多边形的周长相同的直线段上滚动时要多转一周。

一个多边形的边数无限增多，快要接近一个圆时，那么上述说法一样适用。也就是说，上述说法不仅对多边形适用，对于圆周也一样适用。在上述题目中，一个硬币在沿着和它相等的一个硬币的 120° 弧线滚动时，它滚动了 $\dfrac{2}{3}$ 周，而不是 $\dfrac{1}{3}$ 周，这样解释的话，就非常清楚了。

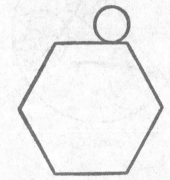

图 9-7 如果滚动的圆沿着多边形的外边滚动，而不是沿着多边形展开的周长滚动，它会多转几圈

9.11 钢丝上行走的姑娘

一个圆沿着同一平面上的一条直线滚动，这个圆上的点都会在这个平面上留下自己的足迹。

如图 9-8、图 9-9 所示，这是一个圆沿着直线或圆滚过后各点的轨迹，仔细观察会发现一条不同的曲线。

图 9-8 圆滚线——一个圆沿着直线滚过圆周上的 A 点的轨迹

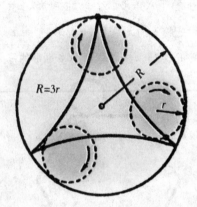

图 9-9 三角内圆滚线——
一个小圆沿着一个大圆的内边
滚动，小圆的圆周上一点走过
的轨迹，其中 R = 3r

问题出现了：如图 9-9 所示，一个圆沿着另一个圆的圆周内边滚动，圆上的一个点在滚动过程中出现的能不能不是曲线的轨迹，而是直线的轨迹？也许你会认为这是不可能的。

我见过一个玩具——走钢丝的女孩，利用的就是这样的设计。这个玩具的制作过程非常简单。找一块厚纸板或厚木板，在上边画一个直径为 30 厘米的圆，画出它的直径，并把直径线两边延长，在纸板上留下一块空白处。

找到直径的延长线两端，在两端处各插一根针，用一根线穿过针眼，把线水平拉直，把线的两端分别固定在纸板上。然后把纸板上的圆切割下来，用硬纸板切割一个直径为 15 厘米的圆，把这个圆放进刚切好的大圆孔中。在这个小圆形的边上也插上一根针（图 9-10），用硬纸板剪一个走钢丝的女孩，用蜡把女孩的脚固定在这根针上。

把小圆紧贴着大圆孔的边缘滚动，针头和女孩都会沿着细线轻轻地前后滑动。

这个原因很简单，就是因为固定着针的小滚动圆形上的那个点，是沿着圆孔的直径移动的。

如图 9-9 所示，滚动圆上的点画出的为什么是曲线而不是直线呢？问题的关键就在大圆和小圆直径的比值上。

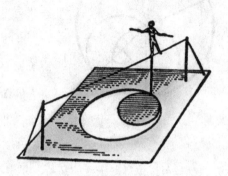

图9-10 "走钢丝的女孩"
在滚动的圆上沿直线移动的点

图9-11 "走钢丝的女孩"几何示意图

证明，一个小圆在一个大圆圈里沿着大圆的内边滚动，小圆的直径比大圆的直径小一半，在移动的时候，小圆上任意一点都会沿着大圆的直径方向作直线运动。

如图9-11所示，小圆 O_1 的直径比大圆 O 的直径小一半，那么小圆 O_1 滚动的每一刻，总会有一点在大圆 O 的圆心处。

看图中小圆 O_1 的 A 点移动轨迹。

假设小圆 O_1 是沿着 AC 弧线滚动。

那么 A 点在小圆 O_1 中的新位置在哪里？

小圆在大圆中是滚动的，而不是滑动的。为了使弧线 AC 和 BC 相等，则 A 点应处在 B 点处。假设 $OA = R$，$\angle AOC = a$，则 $AC = R \times a$；所以 $BC = R \times a$，因为 $O_1C = \dfrac{R}{2}$，则：

$$\angle BO_1C = \frac{R \times a}{\dfrac{R}{2}} = 2a;$$

$\angle BOC = \dfrac{2a}{2} = a$，$B$ 点仍在 OA 线上。

"走钢丝的女孩"这个小玩具其实就是一个把旋转运动变成直线运动的装

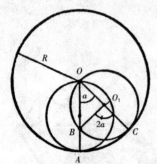

图 9-12 "走钢丝的女孩"的几何图解

置，并不复杂。

自从俄国工业学家波尔祖诺夫发明了第一台热力发动机后，机械师们就迷恋上了这类设计，装置是通过铰链把直线运动传送到某一点的（图 9-12）。

俄国数学家切比雪夫（1821 — 1894）是一个天才，他为机械数学理论的发展做出了杰出的贡献。他不只是一位数学家，还是一位优秀的机械师。他研制出了"跬行"机器模型（仍保存在俄罗斯科学院），自行滑动椅装置，还有当时非常先进的算术计算器等等。

9.12 飞过北极

你应该还记得前苏联英雄格罗莫夫和他的朋友们从莫斯科成功地飞越北极抵达美国的圣贾辛托的壮举。格罗列夫在长达 62 小时 17 分钟的分行时间里创造了不着陆直线飞 10 200 千米和不着陆折线飞行 11 500 的两项世界纪录。

经常有人这样问，这些飞越北极的英雄们的飞机会和地球一起绕着地轴旋转吗？却很少有人能给出正确的答案。任何飞机都是随着地球旋转的。因为飞机飞上高空后，只是离开了地球表面，却并没有脱离大气层，依旧受着地心引力的作用，围绕着地轴作旋转运动。

一架飞机，从莫斯科越过北极到达美国，它与地球一起绕着地轴旋转的轨迹是什么样的？

确切一点，应该说"一个物体运动"时，是指这个物体相对于另一个物体的位移。所以在讨论关于轨迹或运动的问题时，如果没有指明（或没有意识到）数学上的坐标系，也就是说，没有指明物体运动是相对于什么物体发生的，那

么这个题目就没有任何意义。

格罗莫夫驾驶的飞机和地球相比，应该算是沿着莫斯科子午线飞行的。和其他子午线一样，莫斯科子午线也是和地球一起绕地轴旋转的。沿着子午线路线飞行的飞机自身也会有旋转，只是这样的运动地面上的观测者是看不出来的。因为它的旋转并不是相对于地球的，而是相对于其他物体在旋转。

这道题看起来很难，我们可以把它简化一下。我们把地球北极周围的区域想象成平铺在和地轴垂直的平面上的一个扁平的圆盘。假设这个平面就是那个"物体"，也就是说，圆盘相对于它绕着地轴旋转；再假设一辆玩具车沿着圆盘的直径之一匀速行驶；把玩具车比做沿子午线飞越北极的飞机。

那么玩具车在我们这个平面上的路径是什么样的呢？

有下面三种情况，我们来分析一下：

1.12 个小时之内，玩具车跑完全程；

2.24 小时内，玩具车跑完全程；

3. 玩具车在 48 小时内跑完这段路程。但不管是哪种情况，这个圆盘都会在 24 小时内旋转一整圈。

如图 9-13 所示，这是第一种情况。玩具车在 12 个小时内跑完全程。在这段时间里，圆盘只转动了半周，就是 180°，然后 A 和 A' 互换位置。在图 9-14 上，把圆盘的直径分为八等分，玩具车每跑完其中一份区域时要用 $\frac{12}{8}$ = 1.5 小时。那么玩具车行驶 1.5 小时后位于什么位置？如果圆盘不旋转，那么玩具车从 A 点离开，行驶 1.5 小时到达 b 点。但圆盘是旋转的状态，1.5 小时内，它会转 $\frac{180°}{8}$ = 22.5°。这时圆盘的 b 点到了 b' 点。站在圆盘上并和圆盘一起旋转观测者并不会发现它在转动，只会看到玩具车从 A 点移到了 b 点。但不和圆盘一起旋转的人会看到：玩具车沿着曲线从 A 点到 b' 点。1.5 小时后，玩具车就会出现在 C' 点。接着，玩具车在接下来的 1.5 小时会沿着弧线 $c'd'$ 移动，再过 1.5，玩具车就会到达中心 e 点处。

不随圆盘旋转的观测者可能会看到让人惊奇的情景：玩具车会画出一条曲

线 $ef'\ g'\ h'\ A$，而且玩具车最终是停在了起点，而不像人们想象的那样停在直径对面的一点上。

这个现象的原理非常简单：玩具车在后 6 个小时的行驶过程中，这段半径已经随着圆盘转动了 $180°$，这样，直径前半段的位置就被占据了。甚至在玩具车驶过圆盘中心时仍然随着圆盘一起旋转。在玩具车与圆盘的中心重合时，只是它的一个点而已，玩具车和圆盘在某个时刻都在围绕着这个点旋转。飞机飞过北极上空时也和玩具车和圆盘的情况一样。玩具车沿着圆盘直径一端到另一端的路径，身处不同位置的观测者观测时的样子也是不同的。与圆盘一同旋转的人会认为这段路程是一条直线。但没有与圆盘一同旋转的人则是看到玩具车沿着一条形状很像人的心脏的曲线运动（图 9-13）。

假设我们每个人都从地球的核心观察一架飞机，它相对于和地轴垂直的平面飞行，同时假想地球是透明的，你站在地平面上，但不参与地球的旋转，这架飞机穿越北极需要 12 个小时，在这种情况下，你看到的曲线就如图 9-13 所示。

这里有个实例，把两种运动合二为一：从莫斯科穿越北极到同一纬度正相反的一点的飞行持续时间不是 12 小时，想要解答这个题目，要先分析下面这个同类题目。

如图 9-14 所示，这是第二种情况，玩具车用 24 小时跑完全程。在这段

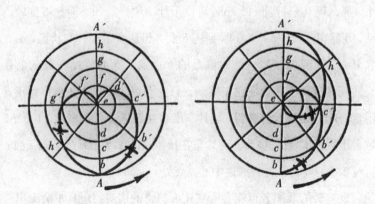

图 9-13、14 一个同时参与两种运动的点在静止的平面上的曲线示意图

时间内，圆盘转动了一周，观测者对于圆盘来说是静止不动的，他们看玩具车的行程路线时就是图9-14所示的曲线形状。

如图9-15所示，这是第三种情况：圆盘仍然是在24个小时转动一周，但玩具车要用48小时才能从直径的一端到另一端。

这次玩具车行驶完直径路程的$\frac{1}{8}$需要用$\frac{48}{8}$小时，也就是6个小时。

在圆盘转动的6个小时内，一共转动了四分之一周，就是90°。所以，玩具车出发6个小时后，它本来应该沿着直径移动到b点（图9-15），但在圆盘旋转之下，这个点就移动到了b'点。6小时后，玩具车会到g点，再接下来的6小时也按之前的规律。就这样，玩具车在48小时内跑完了直径全程，而圆盘转动两整圈，这时的状态是两种运动合二为一了。这使得相对静止的观测者看到了图9-15中的曲线。

我们现在研究的情形让我们越来越接近飞机穿越北极飞行的实际情况。格罗莫夫用24小时左右的时间从莫斯科飞到北极；这时的观测者身处地球中心，他们看到的轨迹形状就像图9-16所示的前半段相同。格罗莫夫的第二段飞行，持续的时间超过了第一段的50%，另外，北极和圣贾辛托的距离也比莫斯科和北极的距离长50%。所以观测者在静止不动的情况下，就会感觉第二段路程的轨迹形状和第一段路程的路径形状相比，除了长出了50%之外，没有什么不同。

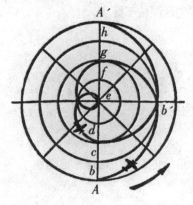

图9-15 两种运动合成的曲线

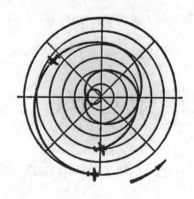

图9-16 没有参与飞行和旋转的观测者
想象中的莫斯科——圣贾辛托的飞行路线

如图 9-16 所示，这才是最终的曲线。

也许你会觉得奇怪，为什么从图上看飞行的起点和终点距离这么近呢？

图中所示的莫斯科和圣贾辛托的位置不是同一时刻的，是相隔 2.5 个昼夜的图。这个问题是不容忽视的。

如果可以从地球的中央观察格罗莫夫穿越北极的飞行，这个形状应该就是图中这样的。这个复杂的旋涡图，我们可以称之为相对的路径，也就是飞机穿越北极飞行的"实际路径"。即使不是这样的情况，它们的运动也是相对的：相对于一个不和地球一起绕地轴旋转的物体来说就像飞机轨道总是相对旋转的地球表面一样。

观察飞机飞行时，如果可以从月球或太阳[①]上观测的话，那么飞机飞行的轨迹就可能完全变样了。

虽然月球相对地球没有昼夜的旋转，但它却在围着地球旋转，周期为一个月。月球在飞机从莫斯科到圣贾辛托的 62 小时的飞行中，绕着地球行走了 30° 的弧线，这就给月球上的观测者观察飞行轨迹时带来了影响。还有第三个运动——在太阳上观测飞机飞行轨迹形状时会受到地球围绕太阳旋转的影响。

恩格斯在《自然辩证法》中这样说："运动都是相对的，没有单个物体的运动。"

研究过上述题目，使我们对恩格斯的这句话深信不疑了。

9.13 传送带的长度

一位技校的师傅在学生们完成一项操作后给他们出了这样一道题：

---

① 相对于和月亮或太阳有关的坐标系。

师傅这样说："我们的车间要安装传送皮带，但这种皮带不是安装在两个皮带轮上，而是要装在三个皮带轮上。"然后给大家看了传送装置示意图（图9-17）。

根据图中标出的尺寸如何计算出皮带的长度？

师傅说："在示意图中，三个皮带轮的尺寸、直径和轴间距离都具备了，不再进行任何测量，只利用这些已知数据，怎样测定传送皮带的长度？"

面对老师提出的问题，学生们认真地思考起来，不一会儿，有一个学生说："我认为最困难的事就是图纸上没有标出来皮带环绕每个皮带轮的弧线 AB、CD、EF 的长度。要确定每条弧线的长度就要知道和它对应的角的角度，要测量这样的角度没有量角器是不可能完成的。"

师傅回答说："图纸上已经标出尺寸，你说的那几个角度，用三角公式和对数表就可以计算出来，但这个方法太繁琐，其实没有必要求出每段弧线的长度，所以根本用不着量角量，只要知道……"

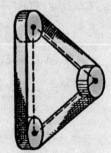

"只要知道它们的和就可以了？"聪明的几个学生已经抢答出答案了。

"是的，大家回家吧，明天把计算出来的答案给我。"读者们，请别急着往下看学生交给师傅的答案。

听了师傅的解答，你可以试着解答这道题。

图 9-17 装在三个
皮带轮上的传送装置

的确，传送皮带的长度很容易就计算出来了：三个皮带轮轴距离之和加上一个皮带轮的圆周长就是传送皮带的长度。假设皮带长为 L，则：

$$L = a + b + c + 2\pi r$$

皮带轮的圆周长为皮带所接触到的弧线长度之和，这个问题可能所有的学生都想到了，但却有很多人不能证明它。

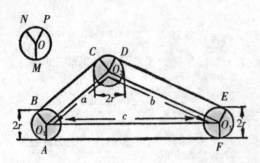

图9-18 怎样根据图上已有尺寸计算出皮带的长度

师傅收到了很多学生的答案，他认为最简便的方法是这样的：

假设 BC、DE、FA 是皮带轮圆周上的切线（图9-18）。向各切点引半径。由于三个皮带轮圆周的半径相等，所以 O_1BCO_2、O_2DEO_3 和 O_1O_3FA 的形状都是长方形，所以 $BC + DE + FA = a + b + c$，然后就要证明弧线长度之和 $AB + CD + EF$ 是一个皮带轮圆周长。

先作一个半径为 r 的圆 O（图9-18）。引直线 $OM // O_1A$，$ON // O_1B$，$OP // O_2D$，由于各角都有平行边，所以，$\angle MON = \angle AO_1B$，$\angle NOP = \angle CO_2D$，$\angle POM = \angle EO_3F$。

则：

$$AB + CD + EF = MN + NP + PM = 2\pi r$$

得出皮带长度为：$L = a + b + c + 2\pi r$。

这个方法还能证明任何数量直径相同的皮带轮，它们的传送皮带的长度都等于它和轴心的距离与一个皮带轮的圆周长之和。

如（图9-19）所示，这个传送皮带安装在四个滚轴上，这四个滚轴直径完全相同（示意图已将原有的间隔滚轴略去，在此处不会对解题造成影响。）

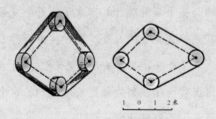

图9-19 已知图的比例尺对所需尺寸进行测量，并计算出传送带的长度

9.14 聪明的乌鸦

我们在小学课文中都学过"乌鸦喝水"的故事。这个故事讲的是一只口渴的乌鸦找到了一个盛水的瓶子，瓶子里水很少，乌鸦喝不到。于是这只聪明的乌鸦想出了一个好办法：它往瓶子里投小石子。这个方法非常管用，不一会儿，水面就升高到了瓶口，于是乌鸦喝到了水。

在这里，我们不要考虑故事的真实性，只从几何学的角度考虑它，下面这道题就是和这个故事相关的题：

 如果瓶子里只有半瓶水，乌鸦能喝到水吗？

看过题之后我们发现，乌鸦的方法并不是瓶子里有多少水量都能管用的。

假设水瓶的形状是方柱形，小石子则都是大小相同的球体。其实道理非常简单，只有最初瓶中的水量把小石子投到瓶中后留出的缝隙全都填补完全后，水才能升到瓶口：这时我们就要计算一下，这个空隙的体积有多大。最简单的计算方法是把所有的石球都排列在一条垂直直线上，各层的球体中心都处在直线上。设石球的直径为 d，那么它的体积就是 $\frac{1}{6}\pi d^3$，它的外切立方体的体积是 d^3，而立方体没有被填满部分的体积就是这两个体积之差：$d^3 - \frac{1}{6}\pi d^3$，比值是：

$$\frac{d^3 - \frac{1}{6}\pi d^3}{d^3} \approx 0.48,$$

也就是说，每个立方体没有被填满的部分就是它体积的48%。也可以说，水瓶的体积里所有空隙体积的总和大约为水瓶总容积的一半。如果水瓶不是方柱形，石子也不是球体，那么结果也不会有什么大的变化。所以可以确认一点，不管在什么情况下，如果水瓶中的水量不到水瓶容积的一半的话，乌鸦用投石子的方法是不可能把水升到瓶口的。

就算乌鸦有办法使水瓶里的石子填得很密实，也最多能让水面提升一倍以上。但这个工作乌鸦是做不到的，而且水瓶的中间是鼓起来的，这样就会降低水面提升的速度，也证明了我们上述说的，如果水位低于水瓶高度的一半，乌鸦就无法把水升到瓶口的论点是正确的。

第10章

不用测量和计算的几何学

10.1 不用圆规照样作图

作图解几何题时，直尺和圆规就是必不可少的工具。现在我们来学习一下，看起来必须用圆规作图的题，不用圆规能不能解答出来。

如图 10-1（左）所示，从所给的半圆之外的 A 点作一条垂直于直径 BC 的直线，要求不能用圆规，且图中并没有标清圆心位置。

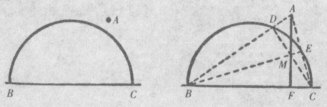

图 10-1 不用圆规作图解题：第一种情况

在这里，三角形所有的高都可以相交于一点这个特性可以帮我们很大的忙。先把 A 点与 B、C 两点连接起来；从而得到 D 点和 E 点（图 10-1，右）。从图中可以看出，BE 和 CD 是三角形 ABC 的高。要作的 BC 的垂直线为第三条高应该通过另外两条高的相交点 M，用直尺连接 A 点和 M 点直至 BC 线上。解这道题时，我们并没有用圆规，就轻松地解决了这个问题。

如图 10-2 所示，如果 A 点在未知的垂直线落在直径的延长线上，那么这道题就需要给出一个全圆作为条件，只给一个半圆的条件是无法解出的。图 10-2 表明，这道题的解法与上述解法相同，只是三角形 ABC 的各高都在圆外相交，而非在圆内。

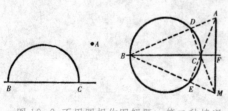

图 10-2 不用圆规作图解题：第二种情况

10.2 铁片的重心

或许你已经学过，一个均匀的长方形或菱形铁片的重心在它们的对角线的交点上；三角形铁片的重心在各中线的交点上；圆形铁片的重心在圆的中央。

如图 10-3 所示，这块铁片是由两个任意的矩形组成的，那么怎样用作图的方法找到铁片的重心呢？

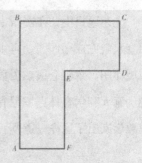

图 10-3 只使用直尺的情况
下找出这块铁片的重心

如图 10-4 所示，把 *DE* 边延长到和 *AB* 相交的 *N* 点，延长 *FE* 边至与 *BC* 相交的 *M* 点。我们可以把这块矩形铁片看成是 *ANEF* 和 *NBCD* 这两个长方形组成的。这两个长方形各自的重心都是它们的对角线交点 O_1 和 O_2。所以说这块铁片的重心一定在 O_1 和 O_2 直线上。再看 *ABMF* 和 *EMCD* 这两个矩形组成的图形，它们的重心分别在 O_3 和 O_4 的交点上。铁片重心就在 O_1O_2 上。也就是说，铁片的重心就是 O_1O_2 和 O_3O_4 的交点 *O*。题解出来了，而且我们也只用了直尺。

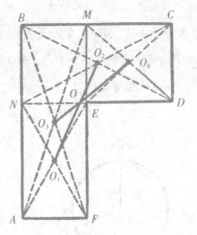

图 10-4 铁片的重心示意图

10.3 拿破仑的题目

上述题目中，在图纸上事先给出一个圆周的条件下，我们没用圆规，只利用直尺就完成了作图。再来看一道与之相反的题目：不许使用直尺，只能使用圆规作图。拿破仑很热爱数学，这是众所周知的事，这道题引起了他极大的兴趣。意大利学者马克罗尼有一部著作介绍了这类作图法，拿破仑阅读后，给法国数学家出了这样一道题。

题 已知圆心的位置，请不用直尺把这个圆四等分。

解 如图 10-5 所示，要把圆 O 四等分。首先取圆周上的任意一点 A，从 A 点沿着圆周以圆 O 的半径为半径画三次半径，就得到了 B、C 和 D 点。这时你就知道弧线 AC 占圆周长的 $\frac{1}{3}$，弦 AC 也是内接等边三角形的一边，等于 $\sqrt{3}r$，r 为圆的半径，AD 则为圆周的直径，以 AC 为半径，从 A 点和 D 点作相交于 M 点的弧。我们要证明的是，MO 间的距离是圆周的内接正方形的边长。三角形 AMO 的直角边：

$$MO = \sqrt{AM^2 - AO^2} = \sqrt{3r^2 - r^2} = r\sqrt{2},$$

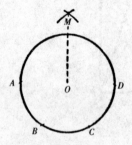

这就是圆的内接正方形的边长，然后把圆规的开度摆成与 MO 相等的长度，在圆周上划出四个点，这四个点就是这个圆的内接正方形的四个顶点，也就把这个圆四等分了。

图 10-5 只使用圆规如何把一个圆周四等分

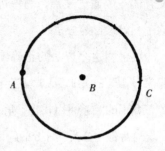

以 B 点为圆心，以 AB 长为半径画一个圆。
从 A 点在圆周上三次画出 AB 的距离；从而得到
C 点，那么 C 点和 A 点同在一条直径上，AC 为
AB 距离的两倍，以点 C 为圆心，以 BC 为半径
画一个圆，用上述方法找到这个圆上与点 B 相
对的点，这个点离点 A 的距离超过 AB 的距离的

图 10-6 只用圆规如何把 AB 间

3 倍，以下依此法类推。

距扩大 n 倍（n 为整数）

10.4 简便的三分角器

给出一个任意角，要求把它
三等分，这种情况下，只使用圆
规或没有刻度的直尺是无法做到
的。但并不代表用其他工具不能
完成它。为此，人们发明了很多
机械器具——三分角器。你可以
找块厚纸板或薄铁片，自制一个
简单的三分角器，来帮助你作图。

如图 10-7 所示，这个三分
角器的大小和实物大小差不多
（有阴影线的图形）。AB 与半

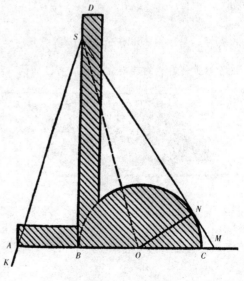

图 10-7 三分角器以及它的使用方法

圆相接，它的长度等于半圆的半径。BD 的边和 AC 形成一个直角；它在 B 点与半圆 相切；BD 的长度是任意的长度。图中还标示了这个三分角器的使用方法，比如说要把 ∠KSM 三等分。要先把 S 角的顶点放在三分角器的 BD 线上，使角的一边通过 A 点，另一边与半圆相切。再作 SB、SO 两条直线，这样，这个角就被三等分了。

要证明这个方法的正确性，可以用直线段把半圆的圆心 O 和切点 V 连接起来。由于三角形 ASB ≌ 三角形 OSB，三角形 SBO ≌ 三角形 SNO。由这些全等三角形的关系可以得出，角 ASB、BSO 和 OSN 相等，这道题目就证明出来了。

这种把角分为三等分的题目应该称为机械类题目，而非普通的几何学知识了。

10.5 表针三分角器

要把一个角三等分，用圆规、直尺和时钟能完成吗？

可以完成。找一张透明的薄纸，把给出的角的图形复制上去；当时针和分针重合在一起，把绘有角的图形的透明薄纸平铺在时钟表盘上，并使薄纸上角的顶点和时钟两根针的旋转轴心相吻合，角的一边与这两根表针重合（图 10-8）。

图 10-8 表针三分角器示意图

当时钟的分针移动到和这个角的一边重合时（你也可以用手拨动分针），从这个角的顶端沿着时针的方向引一条线。这时就出现了一个和时针转动角度相等

---

① 自制的三分角器可以放置在一个角里，是因为三等分这个角的直线上的各点都有同一个特性：如果从 SO 线的任意一点 O 引线段 ON ⊥ SN 和 OA ⊥ SB（如图 146 所示）那么我们就得到 AB = OB = ON。这一点很容易就可以证明出来。

的角。用圆规和直尺把这个角放大一倍，再放大一倍（几何教科书中对这种方法有相关介绍）。用这种方法就可以把角三等分。

其实每当分针划出一个角 a 时，在这段时间内，时针移动的角度是分针的十二分之一，就是。把这个角度放大四倍后的角度为 $\frac{a}{12} \times 4 = \frac{a}{3}$。

10.6 圆周的划分

一些模型的设计和制造者，还有一些无线电爱好者都喜欢亲手制作模型，经常会在操作过程中遇到难题。

找一块铁片，在上边剪出一个指定边数的正多边形。

这道题的意思可以这样理解：

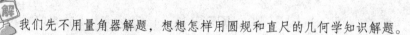

把一个圆周 n 等分，n 是整数。

我们先不用量角器解题，想想怎样用圆规和直尺的几何学知识解题。

首先想一想用圆规和直尺能把一个圆周分为几等分？这个问题早就有了答案：不可分为任何数的等分。

可分为：2，3，4，5，6，8，10，12，15，16，17，……257，……等分。

不能分为：7，9，11，13，14，……等分。

还有一个问题就是没有统一的作图方法，比如说我们要把一个圆周分为15等分和分为12等分的方法不一样，方法也很多。

这就需要一种几何学的方法，即使只能求出近似值也可以，但一定要是能把一个圆周分成任意份的方法，且通用简便。

但几何学教科书的编者们还没有注意这个问题，我们在这里就介绍一种求解这类题目的简便有趣的方法。

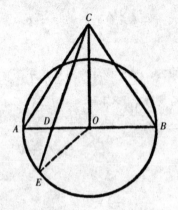

图 10-9　把圆周 n 等分的近似值的作法

如图 10-9 所示，要把一个圆周分为九等分。AB 为圆的任意直径，以 AB 为边作一个等边三角形 ACB，在 D 点把直径 AB 分为 AD 和 DB 两段，并使它们的比例为 AD：AB ＝ 2：9（若要将圆周等分为几份，则 AD：AB ＝ 2：n）。

连接 C、D 两点，并延长至和圆周相交点 E 处。这样弧线 AE 就是圆周的九分之一（或 $AE = \dfrac{360}{n}°$），也就是说，弦 AE 是这个圆的内接正九边形（或 n 边形）的一条边。这个数值的误差只有 0.8%。

要把用上述作图方法作出的圆心角 AOE 和划分的等分 n 数之间的关系式表示出来就是这样一个公式：

$$\tan \angle AOE = \frac{\sqrt{3}}{2} \times \frac{\sqrt{n^2 + 16n - 32} - n}{n - 4},$$

如果 n 较大，用上述公式也可以计算出：

$$\tan \angle AOE \approx 4\sqrt{3}\,(n^{-1} - 2n^{-2}).$$

另外，把圆周 n 等分时，圆心 AOE 是 $\dfrac{360°}{n}$　把 $\dfrac{360°}{n}$ 与计算得出的 ∠AOE 的角度相比较就会发现用上述方法计算出现的误差。

下面是和等分数目 n 值有关的数值。

n	3	4	5	6	7	8	10	20	60
$\dfrac{360°}{n}$	120°	90°	72°	60°	50°26`	45°	36°	18°	6°
∠AOE	120°	90°	71°57`	60°	51°31`	45°11`	36°21`	18°38`	6°26`
误差%	0	0	0.07	0	0.17	0.41	0.97	3.5	7.2

从这个表中可以看出，用上述方法把一个圆周分为 5、7、8、10 等分时，误差不算太大，只是 0.07% ~ 1%，这样的误差在大多数实际操作中都是允许的。但 n 的增加就使这种方法的误差越来越明显，但据实际研究，n 为任何数目时，误差都不会超过 10%。

10.7 打台球的题目

打台球的时候，如果你想通过撞击一边、两边或三边的台边使球进入袋中，而不是直接击打台球使它进入袋子中，就要快速地在头脑中作图，解答一道几何题。

首先要用目测法找到台球第一次撞台边的点位。在一个质量上乘的台球桌案上，反弹定律就决定了台球的路径（入射角等于反射角）。

要使在球案中央的台球撞击三边反弹落入 *A* 袋中（图 10-10），那么要找到台球的方向需要用到哪些几何知识的帮助呢？

图 10-10 台球桌上的几何学

想象这样的场景，在你的球台旁边，还有三张同样的球台并排放着，你把球对着想象中的第三张球台距离你最远的那个球袋打过去。

如图 10-11 所示，可以看出这点。假设 *OabcA* 为台球被击打后的路径。如果围绕着 *CD* 把把台球桌 *ABCD* 翻转 180°，它就会到图片的中位置 I，然后围绕着 *AD* 线再翻转一次球桌，再围绕着 *BC* 线翻转一次，那么台球桌这时

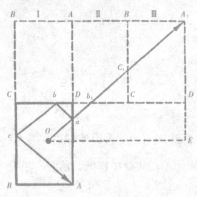

图10-11 想象三张同样的球桌并排放置，你向最远的球袋击球

的位置就是图中Ⅲ的位置。这时的 A 袋就在 A_1 的点位。

由于图中的三角形全等关系，可以得出 $ab_1 = ab, b_1c_1 = bc, c_1A_1 = cA$，也就是说，直线段 OA_1 与折线段 $OabcA$ 长度相等。

所以，当你向想象中的 A_1 点击球时，台球就会沿着 $OabcA$ 滚动，接着台球就会落入 A 袋中。还要考虑一下，在什么样的情况下，直角三角形 A_1EO 的 OE 和 A_1E 两边会相等？

我们知道：$OE = \dfrac{5}{2}AB$ 和 $A_1E = \dfrac{3}{2}BC$。如果 $OE = A_1E$，则 $\dfrac{5}{2}AB = \dfrac{3}{2}BC$ 或 $AB = \dfrac{3}{5}BC$。

如果台球桌的短边是长边的 $\dfrac{3}{5}$，则 $OE = EA_1$；这时要从球案上与台边成 45° 角的方向击打位于球台中央的台球。

10.8 台球的聪明之处

击打台球的问题我们刚才已经通过几道简单的几何作图解决了，你知道吗？其实台球自己还能解答一个有趣的古老题目呢。

这怎么可能呢？台球自己怎么会解答问题？的确如此，但当你知道已知数是怎样来的和它的运算程序后，这样的运算就可以交给机器去做了，它能做得又快又好。

为了这个问题，人们发明了很多计算机器，比如说四则计算器，还有复杂一些的电子计算机。

人们在闲来无事时会做一些题目，比如说有两个已知容量的容器，如何借

助它们的帮助，从一个装满水的已知容器里倒出一部分水来。

下面这道题就是非常具有普遍性的题：

一只桶里装了 12 升水，怎样用两只容量为 9 升和 5 升的空桶，把这个大木桶里的水分为两等分。

你不要用真的水桶做实验来解这道题。倒出水时木桶的倾倒可以用表格记录下来（如下表）。

九升桶	0	7	7	2	2	0	9	6	6
五升桶	5	5	0	5	0	2	2	5	0
十二升桶	7	0	5	5	10	10	1	1	6

这个表中记录的是每一次倒水后的结果。

第一栏：从 12 升桶里向 5 升桶里灌满水，9 升的桶为空（0），12 升的桶里余 7 升水；

第二栏：把 12 升桶里剩余的 7 升水全灌入 9 升桶中。

以下依此类推。

这个表一共有 9 栏，所以说，要解这个题目，就要这样倾倒 9 次。

你也可以尝试着用别的倾注方法解开这道题。

上述解法并不是唯一的方法，所以只要你不厌其烦地做实验，一定会成功的。但在用别的倾注方法时，次数要超过 9 次。

所以，要把以下两个问题弄清楚：

1. 能不能确定一个固定的倾注程序，在任何情况下，甚至条件中没有给出容积的情况下，都能照着这个程序进行？

2. 能不能借助两只空的容器从第三只容器倒出任何数量的水，比如说用 9 升和 5 升的两个空桶从 12 升水桶里倒出 1 升水，或 2 升、3 升、4 升、11 升？

如果制造一个特殊的台球案，那么台球就能告诉我们上述所有问题的答案。

在一张纸上画出很多斜格子，并使它们都是菱形，且大小相等。使它们的锐角都是 60°，如图 10-12 所示，作出图形 OBCDA。

这个"台球桌"非常特殊。如果沿着 OA 线击球，那么根据"入射角等

189

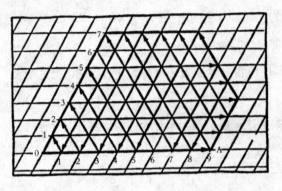

图 10-12 台球的解题妙法

于反射角"的定律（$\angle OAM$ $= \angle Mac_4$），台球会从台边 AD 反弹，沿着直线 Ac_4 滚动，在 c_4 点撞到台边 BC，沿着直线滚动，然后沿着直线 a_4b_4，b_4d_4，d_4a_4 等线滚动，以下依此类推。

由题意得知：有9升、5升、12升这样三只桶。我们相应地把图形做成这样：使 OA 边包括九个格，OB 边包括五个格，AD 边有三个（$12 - 9 = 3$）格，BC 边上有七个（$12 - 5 = 7$）格①。

OB 和 OA 边上的格子把图形上的点隔开，比如，$c4$ 点到 OB 之间有四格，到 OA 有五格；从 $a4$ 到 OB 有四个格，到 OA 有0个格（因为它就在 OA 边上）；从 $d4$ 到 OB 边有八个格，到 OA 边有四个格等等。所以台球撞击的图形边上的每一个点都有两个数字。

如果两个数字中的第一个数字（点与 OB 边隔开的格数），表示九升桶里水的升数，第二个数字就是那个点与 OA 边隔开的格数，这就决定了五升桶里的水的数量。剩下的水量，显然就是十二升桶里存留的水量。

这时一切准备工作就绪，台球可以解题了。

前面说过，沿着 OA 线再次击球，在台球撞击台边的每一个点时，看台球会径直滚动到 a_6 点（图 10-12）。

每一次撞边点为 A（9：0），也就是说第一次倒水应该按以下量分配：

九升桶	9
五升桶	0
十二升桶	3

①三个桶里最大的是装满水的桶，假设空桶的容量是 a 和 b，装满水的桶的容量为 c，假如 c≥a+b，那么这张"台球桌"长 a 格，宽 b 格。

第二个撞边点是 $c_4(4,5)$。按照台球的建议，我们第二次应该这样分配水量：

九升桶	9	4
五升桶	0	5
十二升桶	3	3

第三次撞边点是 $a_4(4,0)$。按台球的建议，我们这次应该向十二升桶里倒回五升水：

九升桶	9	4	4
五升桶	0	5	0
十二升桶	3	3	8

第四次撞边点是 $b_4(0:4)$。这次的倒水应该按照以下分配：

九升桶	9	4	4	0
五升桶	0	5	0	4
十二升桶	3	3	8	8

第五次撞边点为 $d_4(8:4)$。根据台球的建议，我们要把八升水倒进已经没有水了的九升桶里：

九升桶	9	4	4	0	8
五升桶	0	5	0	4	0
十二升桶	3	3	8	8	0

以此类推，就得到了下面这个数据：

九升桶	9	4	4	0	8	8	3	3	0	9	7	7	2	2	0	9	6	6
五升桶	0	5	0	4	4	0	5	0	3	3	5	0	5	0	2	2	5	0
十二升桶	3	3	8	8	0	4	4	9	9	0	0	5	5	10	10	1	1	6

一系列的倾倒程序结束后，我的目的达到了：两个桶里分别有 6 升水。这道题就是台球帮助我们解答的。

可是台球解答问题的方法并不是简便方法，一共用了十八个步骤才完成，我们则只需九步就可以完成（见第一个表）。

但台球也减少了倾注水的程序，首先沿 OB 线击球并使它停在 B 点（图 10-12），再沿着 BC 线再次击球，再让台球按照"入射角等于反射角"的定律滚动；这样，倾注水的程序就减少了。

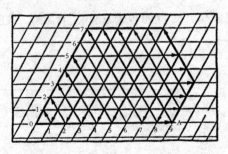

图 10-13 "台球解题法"表明无法用九升和七升空桶把装满了的十二升桶里的水一分为二的

如果让台球继续滚动，滚过 a_6 后，就可以证明一点，台球会在既定的情况下，台球会经过所有有标记点（一般情况下，是菱形的顶端），再回到 O 点。也就是说，从十二升桶往九升桶里可以倾倒一升至九升的水，而往五升桶里只能倾倒一至五升的水。

但这类题目还没有很好的解法。

台球是怎样发现这个问题的呢？

答案非常简单：这种情况下，台球只会回到起点 O 点，不会撞击到别的点上。

如图 10-13 所示，这是用九升桶、七升桶分十二升桶水的程序：

九升桶	9	2	2	0	9	4	4	0	8	8	1	1	0	9	3	3	0	9	5	5	0	7	7	0
五升桶	0	7	2	0	2	2	7	1	0	4	4	0	1	1	2	1	7	0	3	3	7	0	5	5	0	7
十二升桶	3	3	10	10	1	1	8	8	0	4	4	11	11	2	2	9	9	0	0	7	7	0	5	5

"台球解题法"表明，用九升和七升空桶可以从装满水的十二升桶里可以倒出 6 升以外的任意升数的水（即 1～5 升或 7～12 升）。

如图 10-14 所示，这是用三升、六升和八升桶解题的方法。台球在这个

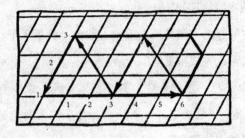

图 10-14 和倒水有关的另一个题目的解法示意图

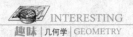

题目中撞了四次台边后回到 O 点。

在下面这个图表中表示出来的情况下，从八升桶里是无法倒出四升水或一升水来的。

六升桶	6	3	3	0
三升桶	0	3	0	3
八升桶	2	2	5	5

事实的确如此，我们用自制的"台球桌"解起题目来的确很简便。

10.9 一笔画就

如图 10-15 所示，把五个图形画在一张纸上。再用铅笔把它们描出来，笔不能中断，每一笔都不可以有重复。

很多人都会从第四个图形 d 开始描，因为他们认为这个图形是最简单的，但却都没能把这个图形一笔画下来。可前两个图形反而轻轻松松地就画下来了，甚至连看起来非常复杂的第三个图形也画了出来，只是第五个图形和第四个一样，没人一笔就画得下来。

为什么有的图形可以一笔画出，有的就不行呢？是因为我们没有创造力，还是有的图形本身就不具备一笔画出的条件？能不能根据图形的一些特性而判断出它们能不能一笔画成呢？

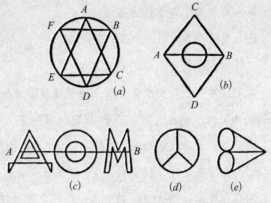

图 10-15 请把这几个图形一笔画出，中间不能停笔，每一笔不得重复

图形线会合的每个交点被称为"交点",如果在交点会合的线条数为偶数,这个点就是偶交点,如果这个线条数为奇数,那么这个点就叫奇交点。图形 a 上的所有交点都是偶交点,图形 b 上有 A、B 两个奇交点。图形 c 上,横穿过几个图形的线段两端是奇交点。图形 d 和 e 上分别有四个奇交点。

先看所有交点都是偶交点的图形,如图形 a,我们从任意点 S 开始画起,比如说在经过 A 交点时会画出通往和离开 A 点的两条线。因为出入每一个偶交点的线条数相同,所以我们每次从一个交点移到另一个交点,就会减少两条没有画到的线条。所以把所有的线条画了一遍后,就会回到起点 S。

但如果回到起点后就没有出路了,而图形上还有一条线条没有被描过,它来自 B 点,而我们已经到过 B 点了。也就是说我们要改路线:到达 B 点后,要先把漏画的线条画上,再回到 B 点,按原路前进。

假设以这样的方法描画图形 a:先沿着三角形 ACE 的边开始画,再回到 A 点,沿着圆周 $ABCDEFA$(图 10-15(a))画。这时,只有三角形 BDF 没有画,所以这时要先画完三角形 BDF,再离开 B 交点画弧线 BC。

也就是说,如果一个图形的所有交点都是偶交点,那么从它的任意一点出发都可以一笔画成整个图形,并且完成时的终点和起点相同。

再来看有两个奇交点的图形

比如说图形 b 有 A、B 两个奇交点。

这样的图形也可以一笔画就。

其实从第一个奇交点开始画,沿着随便哪条线到第二个奇交点,比如在图 10-15(b),从 A 点开始,沿着 ACB 线画到 B。

描完这条线后,奇交点中就少了一条线,就像图形里从来没有这条线一样。然后两个奇交点就成了偶交点,由于图形里没有其他的奇交点,只有偶交点了。比如图形 b 中,描完 ACB,就只有一个三角形和圆形了。

根据前文的介绍,这样的图形是可以一笔画就的,那么整个图形也是可以的。

但要注意的是,从第一个奇交点为起点,选择通向第二个奇交点的路线不要形成和给定的图形隔离的图形①。如图 10-16 中的图形 b，如果沿着直线 AB 从奇交点 A 描到奇交点 B，是注定会失败的，因为圆周被图形的剩余部分隔开了，根本没办法描到。

如果一个图形有两个奇交点，那么最好的方法应该是从其中一个奇交点为起点描至另一个奇交点，两个点不重合。

由此得出，如果一个图形有四个奇交点，那么是不可能一笔画就的，要用两笔才可以，这就不合题意了。比如图 10-16 的图形 d 和 e 就是这样的情况。

是的，只要我们能够正确思考，就能不必浪费时间和精力就预见很多情况，几何学在这个时候就帮了我们大忙了。

可能我们在这里研究的问题让你感到疲惫，但你会得到回报，那就是在你做类似题目时几何学会派上用场。

你总是能预先知道：给定的图形是否可以一笔画就，还知道应该从哪个点出发。

现在，你可以为你身边的人出几个类似的题目考考他们，看他们能不能一笔画出。

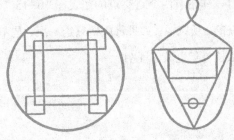

图 10-16 一笔可以画就的两个图形

10.10 柯尼斯堡的七座桥梁

两百年前，在加里宁格勒（当时被称为柯尼斯堡）的普列格尔河上，有这样七座相连的桥梁（图 10-17）。

1736 年，只有三十来岁的大数学家欧拉对下面这个题目产生了深厚的兴趣：能不能在每座桥上只过一次就走过全部七座桥？

---

① 有兴趣的读者可以在拓扑学教科书中找到关于此问题的详细介绍。

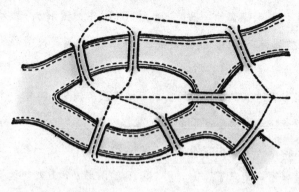

图 10-17 每座桥只走一次的情况下，是无法走过全部七座桥的

你肯定看出来了，这个题目和上述一笔画的题目非常像。

如图 10-17 虚线所示，先把可能走的路线画在图上，就得到了和上述题目一样带有四个奇交点的图表图 10-15（e）。是的，这个图形是无法一笔画就的，所以说，如果每座桥只走一次，是不可能走遍全部的七座桥的，这一点，欧拉当年也做了证明。

10.11 几何学玩笑

图 10-18 开几何学玩笑

现在你已经知道了一笔画就一个图形的秘密，这时你就可以自己动手画带有四个奇交点的图形了，比如画的时候铅笔不能离开纸，而且不能一条线画两次，这样就可以画出两条直径的圆形来（图 10-18）。

你可能会觉得要做到这点太难了，几乎是不可能完成的。在

这里，教你一个小小的技巧。

从 A 点画一个圆周。当圆周的 $\frac{1}{4}$，也就是弧 AB 画就后，把另一张纸放在 B 点之下，也可以把画有图形的纸的下部折起来，然后用笔从半圆的下部引到和 B 点相对的 D 点。

拿走纸片或是把折起来的纸片展开，你的那页纸上的正面只有 AB 弧，到此为止，铅笔并没有离开过纸的表面，但铅笔这时却在 D 点。

其实画成这个图形是很简单的：先画出 DA 弧，再画直径 AC、CD 弧、直径 DB，最后画 BC 弧。也可以从 D 点开始画。有兴趣的话可以尝试别的画法。

10.12 正方形的检验

一个裁缝想检查一块裁下来的布料是不是正方形的。于是他把这块布料的对角线对折了两次后，发现四条边都是重合的。这样检测出来的结果正确吗？

裁缝的检测方法是不可靠的，只能证明这个四边形布料的四条边彼此相等。具有这种特性的还有菱形，所以说不能说明有这个特性的就一定是正方形，只有各个角都是直角的菱形才是正方形。可以用眼睛目测一下四个角是否是直角。可以沿着布料的中线对折，看看对折在一起的各角是否重合。

10.13 别样棋赛

做这个游戏需要一张纸和一些小棋子，这些小棋子只要形状一样且对称即可，像多米诺骨牌、一样分值的硬币或火柴盒都可以。棋子的数量要非常多，

游戏是两人游戏。把棋子依次摆放在纸的空白处，直到没有地方摆放了为止。

棋子放好之后就不能再移动了，最后一个落子的人就获胜了。

找到先走棋的人必胜的游戏玩法。

开局者应该先占领纸的中央位置，摆放的棋子应该使它的对称中心和纸的中心尽量重合在一起；在摆放棋子时，要尽量把自己的棋子与对手的棋子对称放置（图10-19）。

按这样的走法，开局者总能找到摆放自己棋子的地方，是不可能会输的。

这个游戏的几何学原理就是：四角形有一个对称中心，就是一个点，所有经过这个点的线段都会被分为相等的两段，并且这些线段都把图形分为相等的两个部分。所以四角形的对称点或是对称场与四角形的每一个点或场都是相符的，只有它的中心没有和它对称的点。

所以说，如果开局者占了图形的中心位置，那么不管对方把棋子放置在什么位置，那么这张四角形纸上一定能找到和它相对称的位置的空当。

因为后走者不得已为自己的棋子选择位置，所以当然不会给他的棋子留下空当，所以说开局者会稳赢不输的。

图10-19 几何学游戏，落下最后一子的人为胜者

第11章

几何学中的大与小

11.1 一立方厘米里可以容纳

27 000 000 000 000 000 000 个什么？

标题上的数字中，27 后面带有 18 个零，每个人对这个数字的读法可能都有不同，有些人把它读成 2700 亿亿，财务工作人员会把它读成 27 艾，也有人把它简化成 27×10^{18}，读作 27 乘以 10 的 18 次方。

那么到底这小小的 1 立方厘米体积中能容纳下这么多什么东西呢？

空气是由分子组成的，物理学家查明：在每一立方厘米（和顶针大小相似）的空气中，温度为 $0° C$ 的条件下，共有 27×10^{18} 个分子，这个数字大到惊人，绝对是一个天文数字了。是的，世界上的人口数量有 50 亿，也就是 5×10^9，而 1 立方厘米空气中的分子数量就比世界人口的数量还要多 54 亿（5.4×10^9）倍。就算我们可以用望远镜看到宇宙中所有的星体，假设这些行体上都有和地

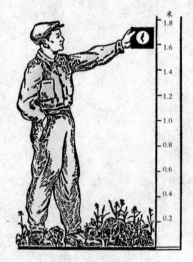

图 11-1 一个成年人与一个放大了一千倍的伤寒杆菌的高度对比

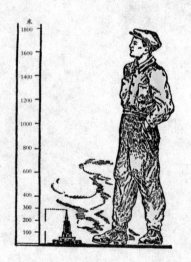

图 11-2 成年人被放大一千倍后的样子

球上一样多的居民，但就算是这样，人口的总数也比 1 立方厘米空气中的分子数量少很多。如果你想计算假设出来的宇宙所有的居民的话，那么按一分钟数 100 个算起，也要数 5 千亿年（5×10^{11} 年）。

就算这个数字再小一点，仍然大到让人难以想象，比如你对放大 1000 倍的显微镜有什么印象？1000 的数目并不大，很多人都无法正确地想象到放大 1000 倍是什么概念。我们往往也不会对放大了 1000 倍的显微镜下所看到的那些物体实际微小的程度作出正确的判断。在 25 厘米的明视距离内，观察放大了 1000 倍的伤寒杆菌，它在我们的眼中就像蚊虫一样大小（图 11-1），但这个杆菌的实际大小呢？如果把你和杆菌一起放大 1000 倍，你的身高就是 1700 米，你的头就在云层之上，世界上最高的摩天大楼也在你的膝盖之下（图 11-2）。这个巨人比你大的倍数就是这个蚊虫比真实的杆菌大的倍数。

11.2 体积与压力

可能你会认为，27×10^{18} 个分子在 1 立方厘米的空气中会不会太拥挤了？一点也不，因为一个氧分子或氮分子的直径只有 $\dfrac{3}{10\,000\,000}$ 毫米（或写作 3×10^{-7} 毫米）。如果分子的体积为分子直径的立方，那么：

$$\left(\frac{3}{10^{7}}\text{毫米}\right)^{3} = \frac{27}{10^{21}}\text{立方毫米}。$$

每一立方厘米中有 27×10^{18} 个分子，所有分子的总体积为：

$$\frac{27}{10^{21}} \times 27 \times 10^{18} = \frac{729}{10^{3}}\text{立方毫米}，$$

这个体积只有约 1 立方毫米，只是 1 立方厘米的千分之一。所以分子之间的空隙很大，要远远大于分子的直径，分子运动的空间也很大。是的，分子并不是静止的，而是不断在自己的空间里运动着，氧气、二氧化碳、氢气、氮气和其他的一些气体在工业上有很大用途，所以就要用很宠大的贮存器把这些气体大量贮存起来。比如说在正常压力下，1 吨（1000 千克）的氮气的体积为 800 立方米，那么想要贮存 1 吨纯氮气，就要用体积为 $8 \times 10 \times 10$ 立方米的容器。要贮存 1 吨纯氢，就需要体积为 10 000 立方米的容器。

能不能使这些气体分子之间更密集些？是的，工程师们借助压缩技术把这些气体变得更加紧密，但不是一件很简单的事情。因为你用一股力量压向气体时，它也会用同样的力量压向容器的四壁，这就要求容器的四壁非常坚固，还不能被气体的化学反应所腐蚀。用合金钢材制成的最新型的化学容器就可以做到这些。

现在，工程师可以把氢气的体积压缩为原本体积的 $\frac{1}{1163}$，那么原本在一个大气压下 1 吨的氢气要占 10 000 立方米的体积，压缩后只要 9 立方米的钢筒就足够用了（图 11-3）。

要施加多大的压力才能把氢气原本的体积压缩为它的 $\frac{1}{1\,163}$，物理学家说，压力增加多少倍，气体的体积就会缩小多少分之一，你可能会说，加到氢气上的压力增加为 1163 倍，这是正确的吗？当然不是，钢瓶里的氢气要承受 5 000 个大气压力，说明这个压力并不是增加为 1 163 倍，而是 5 000 倍。因为气体体积变化与压力成反比的情况只是在压力不太大的情况下，而不适用于压力非常高的情况下。例如在化工厂里给 1 吨重的氮气加 1000 个大气压，那么 1 吨重的氮气的体积会被压缩为 1.7 立方米，但在不正常大气压下则为 800 立方米。再继续加压至 5 000 个大气压或把压力增加到五倍，那么氮气的体积只缩小到 1.1 立方米。

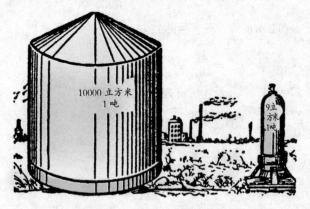

图 11-3　一吨重的氢气在一个大气压（左）和 5000 个大气压下（右）的体积对照图（图中比例仅供参考）

11.3 细如蛛丝却坚如钢丝

一根细线、一根铁丝或是一根蛛丝，不管它的横截面多小，它都有一个几何形状，大部分都是圆形。蛛丝的横截面直径为 5 微米（0.005 毫米）。还有比它再细的东西吗？蜘蛛和蚕谁吐出来的丝线更细呢？答案是蜘蛛而不是蚕，因为蚕丝的直径是 18 微米，它是蛛丝粗 3.6 倍。

人们多少年来都希望能超越蜘蛛和蚕的技艺，传说古希腊织女阿剌可涅织布的技艺非常精湛，她织出来的衣物像蛛丝一样薄，像玻璃一样透明，像空气一样轻，比智慧女神和手艺守护神雅典娜的技艺更胜一筹。

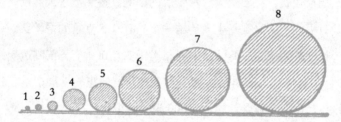

图 11-4 图中为几种纤维的粗细对比。自左至右依次为：铜氨人造丝、蜘蛛丝和醋酸纤维人造丝、粘胶人造丝、耐纶、棉、天然丝、羊毛、人发

这个传说在现代都成为了现实。化学工程师们成为了织女阿剌可涅，他们用最普通的材料制成最细、最牢固的人造纤维。例如用铜氨方法制造的人造线只相当于蜘蛛丝的 1/2.5，强度也可与蜘蛛丝媲美。一根横截面为 1 平方毫米的天然丝承重量为 30 千克，而铜氨人造丝的承重量为 25 千克。铜氨人造丝的抽取方法是这样的：先把木材加工成纤维素，再把纤维素溶解在氧化铜的氨溶液里。溶液从小孔里细细流入水中，水将溶液去除，织成的丝线缠绕在相应的装置上。铜氨人造丝横截面积只有 2 微米。醋酸纤维人造丝只比它粗 1 微米，还有几种醋酸纤维人造丝比钢丝的强度还要大，横截面为 1 平方毫米的钢丝可以承重 110 千克，而横截面积同为 1 平方毫米的醋酸人造丝的承重量为 126 千克。

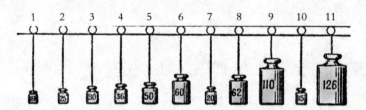

图11-5 纤维的强度极限（1平方毫米截面积承重的千克数）。1、羊毛；2、铜氨人造丝；3、天然丝；4、棉；5、人发；6、耐纶；7、粘胶人造丝；8、高强度粘胶人造丝；9、钢丝；10、醋酸纤维人造丝；11、高强度醋酸纤维人造丝

众所周知，粘胶人造丝的截面积纺为 4 微米，而它 1 平方毫米的横截面积承重强度在 20 ～ 60 千克之间。如图 11-4 所示，这是蜘蛛丝、人发、各种人造纤维和绵纤维、毛纤维的粗细对比，而图 11-5 展示的是截面积为 1 平方毫米的这些纤维的强度对比。人造纤维也称合成纤维，是现代最伟大的发明之一。棉花的生长周期较长，且要受天气和收成的影响。蚕制造了天然丝，可蚕的生产能力也是有限的，一只蚕一生只能结一个只有 0.5 克重的蚕丝茧。

1 立方米的木材经过加工可以得到相当于 320 000 个蚕茧制造出来的丝，相当于 30 只羊全年产出的羊毛，相当于 7 ～ 8 亩棉花的平均产量。这样的纤维数量可以生产出四千双女丝袜或 1 500 米的丝织物。

11.4 两个容器

在几何学中，当我们遇到面积和体积的对比而非只是单纯的数目对比时，那么几何学中的大小的概念就变得模糊了。你也许可以肯定地说出果酱 5 千克比 3 千克多，但让你看看桌上的两个容器，说出它们哪个容器更大些，你也许就不能立刻说出来了。

如图 11-6 所示，两个容器，左侧容器比右侧容器高 2 倍，但只相当于左侧容器一半宽，那么这两个容器哪个容量更大呢？

答案是高桶的容量小于宽桶的容量。也许这个答案出乎你的意料，但要用计算证明这个答案的正确性是非常简单的。

宽桶的底面积是窄桶底面积的 2×2，比高桶的大 3 倍，而它的高却只相当于高桶的 $\frac{1}{3}$。则宽桶的体积是窄桶的 $\frac{4}{3}$ 倍。如果把高桶里的水倒入宽桶，那么水只占宽桶里容积的 $\frac{4}{3}$（图 11-7）。

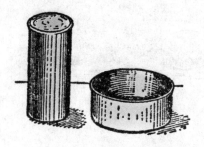 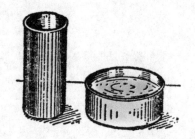

图 11-6 哪个容器的容量更大　　图 11-7 将高桶里的水倒入宽桶后的情景

11.5 硕大的香烟

一家香烟店中摆放着一支巨大的香烟，它的长度和粗细均为普通香烟的 15 倍。如果填满正常长度和粗细的香烟用半克烟丝，那么要用多少烟丝才能填满这支巨大的香烟？

$\frac{1}{2}\times15\times15\times15\approx1\,700$ 克，也就是说，要填满这支巨大的香烟要用 1 500 克以上的烟丝。

11.6 鸵鸟蛋

如图11-8所示，这是相同比例下的两只蛋，右边是鸡蛋，左边是鸵鸟蛋（中间是隆鸟蛋，隆鸟已灭绝，下道题再说它）。请看图回答，鸵鸟蛋的体积比鸡蛋大多少倍？乍一看，觉得两者的差别不大，但用几何公式计算出的结果一定会让你大跌眼镜。

图11-8 鸵鸟蛋、隆鸟蛋和鸡蛋的大小对比

对上图中的两只蛋的实际测量得知，鸵鸟蛋长宽高是鸡蛋长宽高的2.5倍，所以说，它的体积是鸡蛋的体积的。

$$2\frac{1}{2} \times 2\frac{1}{2} \times 2\frac{1}{2} = \frac{125}{8} \text{倍}$$

也就是说，鸵鸟蛋的体积是鸡蛋的15倍左右。

如果一家五口早餐时每人吃三个鸡蛋，那么这个鸵鸟蛋就够他们五口人的早餐了。

11.7 隆鸟蛋

隆鸟曾经生活在马达加斯加，是一种大型的鸵鸟。它的蛋长约28厘米（图11-8中间）。一般的鸡蛋长度只有5厘米；假定隆鸟蛋与鸡蛋的形状相似，即长宽高各处尺寸的对应比例一致，那么这种隆鸟蛋的体积相当于多少个鸡蛋的体积？

$$\frac{28}{5} \times \frac{28}{5} \times \frac{28}{5} \approx 170$$

它的体积为 170 个鸡蛋的体积，也就是说，一个隆鸟蛋几乎等于 200 个鸡蛋，这个重达 8～9 千克的隆鸟蛋够四五十人大吃一顿了。

11.8 尺寸反差大的鸟蛋

把鸟类中的红嘴天鹅和袖珍黄头鸟的蛋对比，你就会发现它们尺寸上的反差有多么鲜明。

测量后得出，这两只蛋的长度分别为 125 毫米和 13 毫米，宽度分别为 80 毫米和 9 毫米。可以看出，$\frac{125}{80}$ 和 $\frac{13}{9}$ 的比值相差不大，如果把这两只蛋看作是几何学中的相似形体，那么就不会出现重大误差。所以，它们的体积比为：

$$\frac{80^3}{9^3} = \frac{512\,000}{729} \approx 700$$

也就是说，红嘴天鹅蛋的体积约为黄头鸟蛋体积的 700 倍。

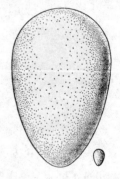

图 11-9 这是两种鸟蛋的实际大小对比，那么它们的体积比

11.9 不把蛋壳打破，如何测定蛋壳的重量？

两个形状一样，大小不同的蛋，在不把蛋壳打破的情况下确定两只蛋壳的重量。假设两只蛋壳厚度相同，那么要做这个题目需要进行什么测量和计算呢？

先量出每只蛋长径的长度，得到 D 和 d，设第一只蛋的蛋壳重量为 x，第二只蛋的为 y，它们的重量和面积都是成正比的，也就是与长度的平方成正比，再加上题中指明两只蛋壳的厚度度相同，则得出以下算式：

$$x : y = D^2 : d^2$$

分别称出两只蛋的重量，得到 P 和 p，假设蛋里的蛋清和蛋黄的重量和蛋的体积成正比，也就是和蛋的长度的立方成正比：

$$(P - y) : (p - y) = D^3 : d^3$$

这时就得出了两个二元方程，解方程组，得到：

$$x = \frac{p \times D^3 - P \times d^3}{d^2(D-d)}$$

$$y = \frac{p \times D^3 - P \times d^3}{D^2(D-d)}$$

11.10 俄罗斯的硬币

俄罗斯的硬币[①]的重量和它的面值是成正比的，也就是说两戈比硬币比一戈比硬币重 1 倍，三戈比硬币是一戈比硬币的 3 倍，依此类推。银币也是这样。例如二十戈比银币比十戈比银币重 1 倍。因为同类硬币都有相同的几何形状，所以只要知道一枚硬币的直径，就能计算出其他硬币的直径，我们可以试着计算一下这道关于硬币的题目。

 五戈比硬币的直径为 25 毫米，那么三戈比硬币的直径是多少？

 三戈比硬币的重量和它的体积分别是五戈比硬币的 $\frac{3}{5}$，也就是 0.6 倍，那

①指的是 20 世纪上半叶的硬币。

么它的直长度应该是五戈比硬币的 $\sqrt[3]{0.6}$，就是 0.84 倍。

所以，三戈比硬币的直径是 0.84×25 = 21 毫米。（事实上是 22 毫米）

11.11 百万卢布的银币

假设一枚 100 万卢布的银币，它和 20 戈比银币的形状是一样的，重量则相应增加，那么这枚银币的直径是多少？如果把它摆放在小汽车的一侧，它会比小汽车高出多少？

你可能觉得这么大面值的银币一定会非常巨大，其实不然，它的直径只有 3.8 米，只比一层楼高出一些，它的体积是 20 戈比银币的 5 000 000 倍，

那它的直径和厚度就是二十戈比银币的

$\sqrt[3]{5\,000\,000}$ = 172 倍。

用 22 毫米乘以 172，得数约为 3.8 米，这样大面值的银币的尺寸远没有我们想象的大。

图 11-10 这样巨大的银币会是多大面值

如果把一枚 20 戈比银币放大，使它和 4 层楼那样高（图 11-10），请计算这样尺寸的银币是多大的面值？

11.12 想象出来的画面

在前面的实例中，你已经知道如何根据直线尺寸比较几何形状相似的物体体积。当遇到这样的问题时，你就不会束手无策了。所以，就不会犯在画报上

一些臆造出来的画面那种错误了。

下面就是这样一幅臆造的图例。假设一个人一天吃400克牛肉，他的一生假设有60年，那么他一共要吃掉9吨左右的牛肉。一头牛平均体重约为半吨，就是说一个人一生要吃掉18头牛。

图11-11是一本英文杂志上的画，画上是一头大大的公牛，旁边站着一个要吃牛肉的人。这幅图有什么问题吗？它的正确比例是什么样的？

图11-11 一个人一生中的
食肉量（找出图中的错误）

这幅图是错的，画上人与牛相比，牛为正常的牛高的18倍，那么它的长和粗也为正常的牛的18倍。所以它的体积就是正常牛的 $18 \times 18 \times 18 = 5832$ 倍。这个数量的牛肉可以使一个人吃上两千年。

正确的画法是：牛的高、长和粗是平常牛的 $\sqrt[3]{18}$ 倍，就是2.6倍。这才是一个人正常的食肉量。

图11-12也是一张同类的插图。一个人每天要饮用的液体为1.5升（7～8杯）。假设他的一生为70年，那么他一生要饮用的水为40 000升。一般桶的容积为12升，那么能装下40 000升的水桶就应该是一个比普通水桶大3 300倍的容器。看图11-12，你认为这个比例对吗？

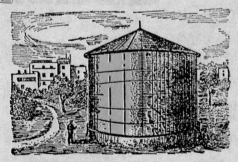

图11-12 一个人一生要喝的水量

（指出图中的错误之处）

图中的错误之处就是水箱的尺寸被过分夸大了。这个容器的高度和宽度应该是普通水桶的 $\sqrt[3]{3\,300} = 14.9$ 倍，四舍五入为整数是 15 倍。如果一只普通水桶的高和宽各是 30 厘米，那么，这个水桶只要 4.5 米高和宽就足够了。图 11-13 中水桶的比例是正确的。

图 11-13 一个人一生饮水量正确的图示

从上述实例中发现，不宜使用容器形状图示统计数字，最好采用柱式图表。

11.13 人的正常体重

假设所有的人体从几何学角度上看都是相似的（在取平均数值的情况下），根据身高计算出体重（平均身高为 1.75 米，平均体重为 65 千克）。这样计算出来的结果绝对是你意想不到的。

假设你的身高为 1.65 米，那么你的体重是多少？

这类题目在日常生活中经常是这样来解的：从平常的体重中减去一定百分比的体重，就是 10 厘米占中等身高的百分比。这时就要从 65 千克中减去 65 千克的 $\frac{10}{175}$，约为 62 千克。

其实这样计算过程是错的。

正确的计算过程如下：

$$65 : x = 1.75^3 : 1.65^3$$

得到的答案是：

$$x \approx 54 \text{ 千克。}$$

这个结果与一般算法得到的结果相差 8 千克，这个差别太大了。同样，要计算一个比普通身材高 10 厘米的人的体重也可以用这个算式得出：

$$65 : x = 1.753 : 1.853$$

$x \approx 77$ 千克，这个体重比平均体重多了 12 千克。怎么样，比你想象的要多吧？

在医学实际工作中就应该具有这样正确的进行类似的计算，这对于确定正常的体重和计算用药量等方面有很大的作用。

11.14 高个子和矮个子

高个子和矮个子体重间的比例关系是什么样的呢？可能你绝对不会相信他们这间的差距会是 50 倍，但这是计算出来的正确结论。

世界上个子最高的人是奥地利的文克尔迈耶，他的身高是 278 厘米，第二位是法国阿尔萨斯的克劳，身高为 275 厘米；第三位英国人奥柏利克，身高为 268 厘米。人们都说他们可以在路灯上点烟。他们比正常人高出整整 1 米。而那些非常矮的人，比如侏儒，他们的身高大约都在 75 厘米比正常人身高矮 1 米，那么这些巨人和侏儒的体重和体积的比例是怎样的呢？

应该是这样的：

$$2753 : 753$$

或是 $113 : 33 \approx 49$。也就是说，巨人的体重是侏儒的 50 倍。

如果这世上真的存在一个身高只有 38 厘米的名叫阿吉百的阿拉伯侏儒，那么她和世界上最高的人的体重相差就更大了：最高的巨人的身高是她身高的 7 倍，体重是她的 343 倍。布丰曾经量过一个侏儒的身高，为 43 厘米。这位矮人的体重应该是巨人的 $\frac{1}{260}$。或许巨人和侏儒的比例关系多少有些夸大：因为只有巨人和侏儒的体形相似，各相应比例一样的情况下，这个比例才适用，如果你见过侏儒和巨人，一定会发现他们和普通人的身材并不一样，上述最后一个侏儒和巨人体重间的实际比例关系比我们计算的 50 小。

11.15 格列佛的几何学

《格列佛游记》的作者在作品中谨慎地避免出现几何学的错误。你一定记得在小人国的 1 英尺相当于我们的 1 英寸，而大人国里则正好相反，1 英寸等于我们的 1 英尺。也就是说，小人国里所有的人或物体都只是正常的 1/12，而在大人国里，一切都是正常的十二倍。这些问题看上去简单，其实要解答时就非常难了。

1. 格列佛每餐的食量比小人国的人多多少？

2. 格列佛做套衣服，要比小人国的人多用多少布料？

3. 大人国里的一个苹果的重量是多少？

对于这些问题，作者想得非常周到，推算得也合情合理，已知小人国的居民身高只有格列佛的 $\frac{1}{12}$，那么 $12 \times 12 \times 12 = 1728$，他的身体体积就是格列佛的 $\frac{1}{1728}$，所以说格列佛的食量是小人国 1728 人的食量。在《格列佛游记》中，有这样一段关于格列佛吃饭情节的描写：

300 名厨子为我做饭，地点就在离我住所不远的一排小舍里，做饭条件不错，他们的全家老小也都搬过来住。每个厨师为我做两个菜。我拣起 20 个仆人放在餐桌上；另有 200 人站在地上伺候，肩上都扛着东西：有的扛菜碟，有的扛酒桶。无论我要什么，桌上的佣人都能身手敏捷地用绳子把它吊上来……

作者斯威夫特对于作品中格列佛的服装用料都计算得非常准确。格列佛的身体面积是小人国的人的 $12 \times 12 = 144$ 倍，裁衣时需要的裁缝人数和所用的布料也是这个倍数。这些斯威夫特都计算得非常准确，从格列佛的口中就可以听出来：他让人派来三百个小人国的裁缝（图 11-14）。这些裁缝们给他量体裁衣，给他缝制全套的衣服。

在小说中的每一部分，斯威夫特几乎都有这样的计算，并且算得非常准确。

图11-14 小人国的裁缝们为格列佛量体裁衣

正如人们所说，普希金的长诗《叶甫盖根尼·奥涅金》中的时间都是根据日历推算出来的，而斯威夫特在《格列佛游记》中提到的所有尺寸都与几何学定律相符。只有在描写大人国时出现了一些比例不当的错误。

记得侏儒被撵出宫前，有一天跟着我们来到花园。小阿姨把我放到地上，我和他离得很近，又正好挨着十几棵长得不高的苹果树，我灵机一动，指着矮树笑骂矮人。那浑小子借此机会发恶，趁我走到其中一颗树底下时，猛地晃动树干。12只像酒桶一样大的苹果，被他晃落，劈头盖脸砸了下来。我当时正弯下腰去，有一只苹果砸中了我的后背，当即把我砸趴在地上……

格列佛被砸之后居然什么事儿都没有。但这么大的苹果砸在人的身上，应该会是致命的打击：这个苹果是正常苹果的1728倍，那么它的重量就是80千克，还是从12倍高的树上落下。这个掉落的力量是普通苹果的200 00倍，这种力量可以和炮弹相媲美了……

在计算大国人的人肌肉力量时，斯威夫特也犯了很大的错误。从第一章中我们就知道，大型动物的强大威力和它的个头并不成正比。把这个原理动用到大人国的身上，那么这些人的肌肉力量就是格列佛的144倍，体重却是他的1 728倍。所以虽然格列佛能举起与自己体重相当的重物，可大人国的人躺下后就没有任何运动了，可斯威夫特却把他们的肌肉力量形容得非常强大，这也是他的计算错误[①]。

①详情请见本套书另一部著作《趣味力学》。

11.15 尘埃和云飘浮在空中的奥秘

对于这个问题，一般人会认为是由于它们比空气更轻，这个答案看上去的确是无懈可击的。可这个解释是完全错误的，尘埃并不比空气轻，而是比空气重数倍甚至数千倍。

什么是"尘埃"？它是诸如石头或玻璃的碎末、煤炭、木材、金属的粉末等各种各样重物的微粒。那么这些材料都比空气轻吗？用比重表测量之后你就知道了，尘埃中的微粒有很多比水还要重几倍，即使比水轻，只有水的 $\frac{1}{2}$ 或 $\frac{1}{3}$。可水却比空气重 800 倍，那么尘埃就比空气重至少上百倍。所以那些关于尘埃浮在空气上是由于它比空气更轻的说法完全是无稽之谈。

那么到底是因为什么呢？首先一点，我们认为尘埃是"浮"在空中是错误的。浮在空气中（或液体里）的只有其重量不超过同样体积空气（或液体）的重量。尘埃却不符合这一条件，它超出了这个重量许多倍，所以说它不是浮在空气中，而是在缓缓地下落，它的下降速度受到了空气阻力的影响而减慢。下落的尘埃会为自己的下落开辟一条道路，把空气挤到一边或是拖着它们一起下落。但这两种动作都会消耗它们下落的能量。与重量相比，下落物体的横截面积越大，它能量消耗也就越大。一个巨大而沉重的物体下落时，由于它的重量远远超过了空气阻力的作用，所以这时空气的减速作用让人无法发觉。

那么物体的体积减小时会是什么情况。对于这个小问题，几何学能作出一个解释。因为物体体积减少，那么它的重量比它的截面机减少得更多，由于重力的减少是与直线长度的减小的立方成正比的，而阻力的减小是与面积，也就是直线长度的平方成正比的。

知道了这些对于我们研究的题目有什么帮助呢？来看下面这个例子，看过之后，你就懂了。拿两个材料相同，直径分别为 10 厘米和 1 毫米的小球。这两只小球的直线尺寸比为 100 ：1，因为 10 厘米为 1 毫米的 100 倍，而小球的重量只在大球的 1003 之一，就是 100 万分之一；它下落时遇到的空气阻力只有大球的 1002 分之一，就是万分之一，所以小球下落的时候速度一定会比大球缓慢。所以说，尘埃会漂浮在空气中就是因为它们尺寸过小，而不是因为它们比空气轻。一滴直径为 0.001 毫米的水滴以每秒 0.1 毫米的匀速在空气中下落时，就算再微弱的气流也会给它的下落带来阻力。

正是由于尘埃的这个特点，所以有很多人走动的房间落下的尘土会比无人居住的房间少，白天要比夜晚落得少，也许这和你想象中的答案正好相反。这个原因就是空气中产生的旋涡气流给尘埃的下降带来干扰，在人员走动较少的场所非常平静的空气里，一般情况是没有这种气流的。

有 1 立方厘米的石块，如果把它粉碎成无数个边长是 0.0001 毫米的尘埃，那么它的总截面面积就要增加到 100 00 倍，而尘埃下落时受到的空气阻力也增加到 100 00 倍。尘埃就是这么小，所以它们的下落状况会随着空气阻力急剧增加而改变。

这就是云 "浮" 在空中的原因。陈旧观点认为云是由饱含水蒸气的小水泡构成的，这种观点早已被推翻，云是无数极微小而密实的水微粒的聚集。这些水微粒虽然比空气重 800 倍，但它们只会以缓慢的速度下降着。而水微粒之所以不会下降，就是因为它的面积和重量之比太大了。

空气中的气流哪怕再微弱，也可以终止云的缓慢降落，把它托在一定的水平面上，并能使它上升。

这种现象的产生主要是因为空气的存在。不管是尘埃还是云，它们在真空状态下（假设存在），它们会像石头一下掉落下来。

第12章

几何经济学

12.1 看帕霍姆怎样买地？
（列夫·托尔斯泰的题目）

列夫·托尔斯泰的短篇小说《一个人需要许多土地吗？》中有这样一段内容，我们以这段内容为开头，你不要奇怪，很快你就会知道这样做的意义了。

帕霍姆问道："价钱多少？"

"我们这里的价钱都是一天一千卢布。"

帕霍姆没听明白："按天算？这是什么计算方法，那么一天是多少俄顷①呀？"

那个人说："这个账我们可不知道。我们这里都是按天要价，一天里你圈的地不管有多少，都是一千卢布。"

帕霍姆很奇怪地说："可是，你要知道，一天能圈很多地的。"

酋长哈哈大笑着说："那就全归你，只是如果你在一天之内赶不回出发点，你的钱就全扔了。"

帕霍问："那我走过的地方怎么标明？"

我们会在你看中的地方站着，你拿着耙子去圈地，有相中的地方就在地上挖个小坑，在小坑里扔块草皮，我们沿着你的记号挖出地界来，不管你画的圈有多大，只要你能在太阳下山之前回到出发地，那么你圈过的地就都归你了。"

巴什基尔人约好明天天亮前在这里会合，并在日出前赶到约定地点，然后就散去了。

曙光初现时，他们来到了草原上，酋长用手指给帕霍姆看："这里所有的地方，都是我们的，你可以随便挑。"

他把帽子摘下来放在地上："这里就是出发点，你圈完地还要回到这里，

---

① 一俄顷是 1.0925 公顷。

圈出来的地都归你了。"

这时，太阳从地平线上升起来了，帕霍姆扛着耙子走向了草原深处。

走了一俄里①左右的路时停了下来，在地上做好了记号后继续往前走。

他又走了一段路，又做了个标记，他走了五俄里，这时太阳升起来一会儿了，是吃早饭的时候。

帕霍姆想："这可是马一口气走的路程，它一天可以走出这样的四段路程，这时回去太早了，我再走五俄里再往回转。"他继续往前走去。

他停下来想了想："可以了，这次圈的地可真不少，该往回圈了。"于是他做好标记后就往左拐。

往左又走了很远的路，又拐了第二个弯，帕霍姆回头看了看土丘，还能隐约看到土丘上的人，他想："已经走了两条长的边了，这条边走短一点。"于是又沿着第三条边走去。

这时已经是正午了，可这第三条边才走了两俄里，离起点还有十五俄里呢。

他想："不能再往前走了，哪怕将来这块地不够方正，也必须往回赶了。"于是帕霍姆做好标记后赶紧往土丘走。

帕霍姆向土丘走着，脚步越来越沉重，他想歇一会儿，可是如果停下来歇脚，日落前就赶不回去了，这时太阳已经快要落山了。

帕霍姆撑着身体向前走着，并加快脚步，可是离土丘还很远呢，他跑起来，跑的口干舌燥，汗流浃背，衣服都贴在了身上，心脏在胸膛里像一把锤子在咚咚地敲。

图 12-1　帕霍姆竭尽全力地往土丘跑着，太阳眼看就要落山了

①一俄里等于 1.0668 千米。

帕霍姆竭尽全力地往回跑着，可太阳马上就要落山了（图 12-1）。

太阳离天边很近了，好在已经快到出发地了，帕霍姆已经看到了地头上的帽子和坐在地上的首长。

帕霍姆看到太阳已经从天边开始沉没。他拼了最后一点力气，往土丘上跑，他马上就到了，这时他突然双腿发软，眼前一黑，一下子扑倒在地，双手扑在了帽子上。

首长叫着："好样的，小伙子，你这下拥有很多地了。"

一个雇工走过去扶起了帕霍姆，这时帕霍姆猛地吐出了一口鲜血，倒在地上死了……

这个故事的凄惨结局我们不用去想，只探讨它的几何学内容。

根据这个故事中提供的数据，可不可以计算出帕霍姆一共圈了多少俄里的地？这个题目看上去很难，其实解法很简单。

再认真地读一遍这篇故事，把故事中几何方面的数据记录下来，你就可以看出，我们依靠这些数据足以解出这道题。还能把帕霍姆所圈的土地画成平面图。

从故事中的数据得知，帕霍姆圈地的形状是一个四角形。

关于第一条边的内容是这样的：

"走了五俄里……我再走五俄里再向左拐……"

也就是说，这个四角形的第一条边约为 10 俄里。

关于第二条边，故事中并没有提到关于它边长的具体数字，只知道它与第一条边是直角关系。

而第三条边和第二条边也是垂直的，它的长度在故事中也有表示："可第三条边才走了两俄里。"

第四条边的长度故事中直接给出了："距离起点还有十五俄里呢[①]。"

①不知道为什么帕霍姆在距离那么远的地方还能看到土丘上的人。

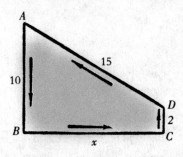

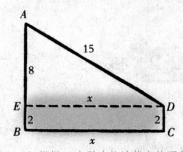

图 12-2 帕霍姆的圈地路线　　图 12-3 根据四边形边长计算它的面积

由这些数据，我们就可以画出帕霍姆圈出的那块地的平面图（图 12-2）。在这个四角形 $ABCD$ 中，$AB = 10$ 俄里，$CD = 2$ 俄里，$AD = 15$ 俄里，角 B 和角 C 都是直角，向 AB 做垂线 DE，就可以计算出 BC 的边长 x（图 12-3）。三角形 ADE 中，已知直角边 $AE = 8$ 俄里，$AD = 15$ 俄里，那么 $ED = \sqrt{15^2 - 8^2} \approx 13$，即约 13 俄里。所以第二条边约为 13 俄里，这时就看出是帕霍姆的计算错误，他认为第二条边比第一条边短。

现在我们能够把帕霍姆圈地的情形画成图纸，可见托尔斯泰写这篇故事时，眼前一定也有像图 12-2 类似的图。

现在，$ABCD$ 这个梯形的面积可以轻松计算出来了。它是由矩形 $EBCD$ 和直角三角形 AED 组成的（图 12-3）。面积为：

$$2 \times 13 + \frac{1}{2} \times 8 \times 13 = 78 \text{ 平方俄里}。$$

也可以直接由梯形面积公式计算它的面积，结果是一样的：

$$\frac{AB+CD}{2} \times BC = \frac{10+2}{2} \times 13 = 78 \text{ 平方俄里}。$$

也就是说，帕霍姆圈了 78 平方俄里的地，也就是 8000 俄顷，这可真是一大片土地。每一俄顷他只花了 0.125 卢布，就是 12.5 戈比。

12.2 梯形？长方形？

帕霍姆为圈地而死的那天，他圈出了一块四边形的地，一共走了 10 + 13 + 2 + 15 = 40 俄里。他本来是想圈一块矩形的地，却由于他的计算失误才会圈出一块梯形的地，那么这样形状的地对帕霍姆来说是好还是坏呢？什么形状的地，面积更大些？

有很多种矩形的周长都是 40 俄里，每一种的面积都不同，例如：

$14 \times 6 = 84$ 平方俄里，

$13 \times 7 = 91$ 平方俄里，

$12 \times 8 = 96$ 平方俄里，

$11 \times 9 = 99$ 平方俄里，

上述几种周长同为 40 俄里的矩形面积都比帕霍姆圈出的同周长的梯形面积大，但也有比它小的情况：

$18 \times 2 = 36$ 平方俄里，

$19 \times 1 = 19$ 平方俄里，

$19 \frac{1}{2} \times \frac{1}{2} = \frac{3}{4}$ 平方俄里。

所以，这道题第一问没有一个明确的答案。因为在周长相等的情况下，有的矩形比梯形面积大，有的矩形比梯形面积小。但可以明确的指出在周长相等的情况下，哪种矩形的面积最大。对我们计算得的矩形面积进行比较，发现矩形两边长之间的差越小，这个矩形的面积就越大。也就是说，当矩形的两边之差为零时，那么这个矩形就是一个正方形，它的面积也就最大。为 $10 \times 10 = 100$ 平方俄里，这个面积大于所有周长和它相等的矩形面积。所以，如果帕霍姆沿着正方形的边长圈地，可以多圈出 22 俄里的地来。

12.3 正方形的特点

正方形的面积与同周长的矩形相比，它的面积最大，对于正方形这个特点，可能很多人都不清楚，在这里，我们对此作一个论证。

用 P 来代表矩形的周长。假设有一个周长也为 P 的正方形，它的一条边长就是 $\frac{P}{4}$。这时把一条边长减去一个 b 值，再把这个 b 值加到它的邻边上，这时的图形就是一个周长为 P，面积却小一点的矩形。也就是说，我们要证明的是，面积 $(\frac{P}{4})^2$ 大于矩形面积 $(\frac{P}{4} - b)$ $(\frac{P}{4} + b)$：

就是证明：$(\frac{P}{4})^2 > (\frac{P}{4} - b) (\frac{P}{4} + b)$

不等式的右边 $= (\frac{P}{4})^2 - b^2$，那么原不等式就变成了：

$$0 < - b^2 \text{ 或 } b^2 > 0$$

这个不等式是成立的，因为任何数的平方，只要它是正数都大于零，是负数都会小于 0，也就说明我们最初的那个不等式是成立的，也就是说，同周长的矩形中，正方形的面积最大。

同样的道理，在面积相同的矩形中，正方形的周长是最短的。我们可以从反面来证明这一点：先假设这个说法是错误的，现实中真的存在这样一个矩形 A：面积与正方形 B 一样，但周长小于 B 的周长。这样我们可以画出一个和矩形 A 同周长的正方形 C，这就是比矩形 A 面积更大的正方形，那么它的面积就大于正方形 B。也就是说：正方形 C 的周长小于正方形 B，但面积却大于它。很明显，这是根本不可能的，因为如果正方形 C 的边长小于正方形 B 的边长，它的面积就应该小一点。所以，和正方形面积相同，却比它周长小的矩形 A 是不可能存在的。也就是说，所有同面积的矩形中，正方形的周长是最短的。

如果帕霍姆懂得正方形的特性，那么他会经过科学计算，在相同的时间里得到更多的土地。或者他知道自己在一个白天里可以跑 36 俄里，可以跑出 9

俄里的正方形来，这样的话，他就可以轻轻松松地在一个白天内获得81平方俄里的土地了。这比他累死才得到的78平方俄里的土地还要多出3平方俄里。

相反，他也可以花费很少的体力，走一个边长为6俄里的正方形就可以了，这样他只能得到一块36平方俄里的土地。

12.4 各种形状的地

帕霍姆也可以不圈一个矩形地块，而是圈了一块三角形、四边形或五边形等形状的地，这样会不会得到的土地更多呢？

如果从数学角度解答这个问题，或许你会觉得没有意思，我们可以不对这个问题进行探讨，只向大家介绍探讨的结果。

首先可以证明所有周长相等的四边形中正方形的面积是最大的。所以如果他想得到一块四边形的土地，如果他一天中最多能跑40俄里，那么就算他再怎么精心计算获得的土地也不可能多于100平方俄里。

再有还可以证明等周长的正方形大于三角形的面积。周长同为40俄里的等边三角形，它的边长为 $\frac{40}{3} = 13\frac{1}{3}$ 俄里，它的面积（由公式 $S = \frac{a^2\sqrt{3}}{4}$，其中 S 为面积，a 为边长）为：

$$\frac{1}{4}\left(\frac{40}{3}\right)^2\sqrt{3} \approx 77 \text{ 平方俄里。}$$

这个面积比帕霍姆圈出来的梯形面积还小。

在后面"面积最大的三角形"一节中，我们会为你介绍周长相等的三角形中，等边三角形的面积是最大的。这个面积最大的等边三角形都比等周长的正方形的面积小，那么其他的三角的就更不用说了。如果把等周长的正方形的五边形、六边形甚至多边形相比时，它的面积就不是最大了：同周长的正五边形比正方形的面积大，正六边形的面积比正五边形的面积大。如果你不相信，我们可以用实例来证明这一点，例如一个正六边形的周长也是40俄里，那么正

六边形的边长就是 $\frac{40}{6}$。根据公式 $S = \frac{3a^2\sqrt{3}}{2}$ 得：

$$\frac{3}{2}\left(\frac{40}{6}\right)^2\sqrt{3} \approx 115 \text{ 平方俄里。}$$

如果帕霍姆圈出的地是个正六边形，那么他就能在走了同样一段路的情况下获得更多的土地：$115 - 78 = 37$ 平方俄里，这个面积比正方形的土地还要多出 15 平方俄里（要走出正六边形，他要随身带着测角仪）。

 用六根火柴摆出一个图形，使它的面积最大。

六根火柴可以组成等边三角形、矩形、平行四边形、不等边五边形、以及正六边形等各种各样的图形。对图形面积了解的人一看就知道，等边长的正六边形是在这些图形中面积最大的。

12.5 面积最大的图形

从几何学角度上讲，等周长的正多边形的边数越多，它的面积就越大，圆形的面积为最大。如果帕霍姆圈地时跑出一个周长为 40 俄里的圆，那么他圈出的土地面积为 $\pi\left(\frac{40}{2\pi}\right)^2 \approx 127$ 平方俄里。

等周长的任何图形中，没有哪个图形的面积大于圆的面积。

这就是圆形的特性：等周条的情况下，比任何一种形状的图形的面积都大。可能你会问这是如何证明出来的，我们可以给予证明，但这些数据并不严谨——这是数学家施泰纳在证明特性时提出来的。他的论证很繁琐，如果你对此不感兴趣，可以跳过这段内容，当然了，也不会影响到你对后面知识的学习。

要证明在等周长的图形中，圆形的面积最大。首先要知道这个图形是凸边的。也就是说，这个图形的任意一条弦都在图形之内。如图 12-4 所示，这是既定图形 $AaBC$，它有一条弦 AB 在图形外，我们可以用和它相对称的 b 弧代

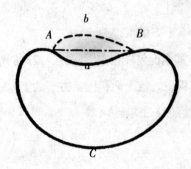

图 12-4 面积最大的
图形应该是凸边图形

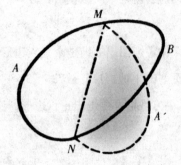

图 12-4 面积最大的
图形应该是凸边图形

替 a 弧。这时图形 $AbBC$ 的周长没有改变，面积却增加了。也就是说，在周长相等的情况下，类似 $AaBC$ 的图形决不可能成为在相等周长情形下有最大面积的图形。

那么具有最大面积的图形就是凸边图形。这个图形还有一个特性：任意一条把图形周长一分为二的弦，也能把图形的面积一分为二。如图 12-5 所示，假设图形 $AMBN$ 就是我们要求解的图形，弦 MN 能把它的周长分为相等的两份。那么我们就需要证明 AMN 和 MBN 的面积是相等的。如果一部分比另一部分大，就是 $AMN > MBN$，那么把图形 AMN 沿着 MN 线对折，就得到了图形 $AMA'N$ 它的周长和原来相等，但面积却比 $AMBN$ 大。也就是说，$AMBN$ 里的弦把它的周长分为两等分，却把面积分为两个不相等的部分。那这个图形 $AMBN$ 就不是我们要想的图形（等周长的图形中，它不可能是最大面积的图形）。

在这里，还要证明一个定理：所有已知两条边长的三角形中，两条边的夹角是直角的三角形的面积最大。

要证明这一点，可以回忆曾求过已知 a、b 两边和两边之间的夹角 C 的三角形面积 S 的三角形公式：

$$S = \frac{1}{2} ab\sin C。$$

显然，两条边既定的情况下，$\sin C$ 等于 1 时是最大数值，这时这个公式的值也最大。如果正弦值为 1，就说明这个角是直角，我们要证明的就是这个问题。

现在我们就来证明在所有周长相等的图形中，圆形的面积最大。要证明这一点，可以假设面积最大的非圆形凸边图形 MANBM 存在（图12-6）。在这个图形中，我们作一条平分周长的弦 MN，这条弦还可以把图形的面积平分。将图形的一半 MKN 沿着 MN 线对折，使它与原来的位置（MK′N）对称。图形 MNK′M 的周长和面积与原来的图形 MKNM 的周长和面积相等。因为 MKN 弧不是一个半圆周（所以才需要证明），所以这条弧上有一些点，它们 M、N 的连线无法构成直角。如果 K 为其中一点，K′是和它对称的一点，就是说，角 K 和角 K′都不是直角。保持 MK、KN、MK′和 NK′边的长度不变时移动它们的位置，可以使它们之间的夹角 K、K′成为直角，这就得到了全等三角形。如图12-7所示，用弦把这两个三角表并在一起，把有阴影的部分连接到相应的位置。就有了和原图形同长相同的图形 M′KN′K′M′，但它的面积要比原图形大（因为直角三角形 M′KN′和 M′K′N′的面积要大于三角形 MKN 和 MK′N 的面积）。也就是说，等周长的非圆形的图形的面积不可能是最大的。我们不可能做出等周长的比圆形面积更大的图形来。

这就是证明在等周长的矩形中，圆形面积最大。

想要证明这一论点是正确的也不难：面积相同的图形中，圆形的周长是最短的。这个问题在介绍正方形的特性一节中已经做过论证了。

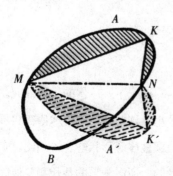

图12-6 假设的确有面积最大的非圆形的凸边图形存在

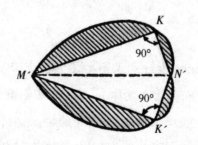

图12-7 证明等周长的图形中，面积最大的图形是圆形

12.6 最不好拔的钉子

拔钉子的时候，哪种形状的钉子最不容易拔？圆形的？正方形的？还是三角形的？如果这三种形状的钉子钉的深度和横截面积也一样的情况下呢？

我们往往认为，和周围材料接触面积比较大的钉子，会钉得更加牢固。那么上述三种形状的钉子中，哪一种钉子的侧面积更大呢？

在面积相同的情况下，正方形的周长小于三角形，圆形的又小正方形。假设正方形的一条边为1，那么这几枚钉子的周长是：

三角形钉子——4.53，

正方形钉子——4.00，

圆形钉子——3.55。

所以这三种钉子中钉的最牢固的应该是三角形钉子。但这种钉子市面上很少，可能是由于这种钉子比较容易弯曲或折断。

12.7 什么物体体积最大

球形的特性与圆形类似：表面积相同的情况下，球体的体积最大。而同体积的所有形状的物体中，球体的表面积最小。这些特性使得球体在实际生活中有了更加重大的意义。球形的炊壶和其他圆柱体等形状的容器相比，表面积要小一些。因为热量总是从物体的表面散发的，所以球形的茶炊和其他同样容量的容器相比起来，冷却地较慢。而如果温度表计的水银球是圆柱体而不是球形，

那么温度计受热或冷却的速度也会较快。

同理，地球由坚硬的地壳和地核组成，当它受到能改变它表面形状因素的影响时，它的体积会缩小，收缩得更加紧密；地球的外部形状受到影响而发生变化时，就会偏离球形，那么它的内质就会紧缩。这个几何学的事实可能和地震和地壳运动现象有着紧密的联系，当然了这些事只有地质学家才有发言权的。

12.8 和数相等的乘数乘积

我们前面解过的题目：在消耗同样的体力情况下（走了40俄里的路程），如果获得更大的收益（怎样圈得最大的地）？这些问题大部分都是从经济学的观点来研究的。所以本章的题目是"几何经济学"。当然了，这只是科普读物里的随意说法；它在数学中的名称为"最大值和最小值"。这样的题目有很多，难度也是各不相同。其中的一部分题目只用简单的基础数学知识就可以解答，有的题目却必须利用高等数学才能解答。在这里，我们研究一些几何学领域内的题目，只利用"两个和相等的乘数的乘积"这个特性来解题。

两个和相等的数的乘积的特性我们已经知道，也知道等周长的正方形比矩形的面积大。如果把它翻译成算术语言就是：想要把一个数一分为二，并使它们的乘积最大，就要把这个数分为两个相等的数。

比如在下面所有数的乘积中，

13×17，16×14，12×18，11×19，10×20，15×15 等，这些算式中的两个数之和都是30，而乘积最大的是 15×15，就算你用带着小数点的数的乘积（14.5×15.5）计算也是一样。

这个特性在和数相同的三个乘数的乘积上也是适用的：三个乘数相等时，它们的乘积值最大。这一点是根据前一点总结出来的，假设三个乘数 x, y, z 的和为 a：

$$x + y + z = a。$$

设 x 和 y 互不相等。如果用和数的一半 $\dfrac{x+y}{2}$ 取代它们，和并不会改变。

$$\frac{x+y}{2} + \frac{x+y}{2} + z = x + y + z = a。$$

但是因为 $\left(\dfrac{x+y}{2}\right)\left(\dfrac{x+y}{2}\right) > xy$

则三个乘数的积 $\dfrac{x+y}{2}\dfrac{x+y}{2}z$

大于 xyz 的积：

$$\frac{x+y}{2}\frac{x+y}{2}z > xyz。$$

如果三个乘数 x、y、z 中有两个数不相等，就能在乘数之和不改变的情况下，得出比 xyz 的乘积更大的数。只有三个乘数都相等时才不会发生这样的情况。所以如果 $x + y + z = a$，xyz 的乘积的最大值只有当这三个乘数相等时：$x = y = z$ 才会实现。

下面来利用和相等的数的乘积这一特性来解答以下题目。

12.9 最大面积的三角形

要使一个三边之和既定的三角形面积最大，那么这个三角形应该是什么形状的？

在此之前，我们就已经知道三角形的这种特性（见"别的形状的地块"），但如何证明呢？

和课堂上学的一样，已知三角形的三边为 a、b、c 和周长 $a + b + c = 2p$，那么它的面积 S 为：

$$S = \sqrt{p(p-a)(p-b)(p-c)},$$

所以

$$\frac{S^2}{p} = \sqrt{(p-a)(p-b)(p-c)}。$$

要使三角形的面积 S 最大，那么只有在三角形面积 S 的平方 S^2，或 $\dfrac{S^2}{p}$ 得到最大值，式中 p 是半周长，题中表明，它是不变值。这个等式的两部分是同时得到最大值的，那么在什么条件下，乘积：

$$(p-a)(p-b)(p-c)$$

的值最大，由于这三个乘数的和是定值，即

$$p-a+p-b+p-c = 3p-(a+b+c) = 3p-2p = p,$$

由此可以得出：它们的乘积只有在各乘数相等时，才能达到最大值，即

$$p-a = p-b = p-c$$

所以

$$a = b = c。$$

所以等周长的三角形中，等边三角形的面积最大。

12.10 方梁题目

 要把一段圆木锯成一根最重的方梁，应该怎样锯？

这个题目是要求在圆中作一个面积最大的矩形。虽然你已经想到这个矩形是正方形的，但可以试着证明它。

如图 12-8 所示，设 x 为未知矩形的一条边，另一边为 $\sqrt{4R^2-x^2}$，其中 R 为这段圆木的截面半径。矩形面积为：

$$S = x\sqrt{4R^2-x^2} ,$$

所以 $S^2 = x^2(4R^2-x^2)$

由于两个乘数 x^2 和 $4R^2-x^2$ 之和是定

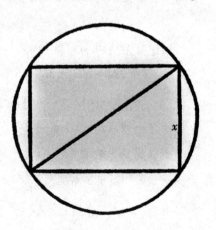

图 12-8 求最重方梁的题目

值 $4R^2$（即 $x^2 + 4R^2 - x^2 = 4R^2$），所以它们的乘积 S^2 会在 $x^2 = 4R^2 - x^2$，

也就是 $x = R\sqrt{2}$ 时达到最大值。这时的矩形面积也最大。

　　这个最大矩形的一条边为 $R\sqrt{2}$，就是圆的内接正方形的边长。所以说，如果方梁的截面是正方形时，它的体积和重量最大。

12.11 自制三角板

题 在一块三角形的硬纸板上切出一个面积最大的矩形，并且要使它的边和三角形的底和高平行。

解 如图 12-9 所示，假设这个三角形为 ABC，切出的矩形为 $MNOP$，那么三角形 ABC 和 MBN 相似，由此得出：

$$\frac{BD}{BE} = \frac{AC}{MN},$$

那么 $MN = \dfrac{BE \times AC}{BD}$。

假设矩形的一条边长 MN 为 y，三角形顶端 B 至 MN 线的距离 BE 为 x，

三角形底边长 AC 为 a，三角形的高度 BD 为 h。那么这个算式可以写成：

$$y = \frac{ax}{h}。$$

则矩形 $MNOP$ 的面积 S 为：

$$S = MO \times NO = MN \times BD \times BE$$

$$= (h - x)\, y = (h - x)\frac{ax}{h};$$

所以 $\dfrac{Sh}{a} = (h - x)\, x$

所以说，在乘数 $(h - x)$ 和 x 的乘积 $\dfrac{Sh}{a}$ 达

到最大值时，面积 S 才最大。h 和 a 是已知定值，

那么 $h - x + x = h$ 的和也是定值。所以当

$$h - x = x$$

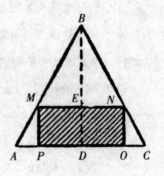

图 12-9 三角形中面积最大的矩形

时，它们的乘积最大，所以

$$x = \frac{h}{2}$$

矩形 MN 边应该通过三角形高度的中点，并连接三角形两边的中点。就是说，矩形的一条边是 $\frac{h}{2}$，另一边应该和 $\frac{a}{2}$ 相等。

12.12 铁匠的难题

有人让铁匠帮他用一块 60 平方厘米的铁皮做一个没有盖子的铁皮盒子，要求盖底是正方形的，铁皮盒子的容量要达到最大，铁匠用尺子反复地测量，思考要把铁皮的四边折进去多宽？如图 12-10 所示，他正在苦思冥想，你能帮他解决问题吗？

图 12-10　铁匠的难题

如图 12-11 所示，设折边宽度为 x 厘米，那么铁盒子的正方形盒底宽度为（60 - 2x）厘米，铁盒的容积 V 为：

$$V = (60 - 2x)(60 - 2x)x$$

要使乘积值最大，那么 x 值为多少？如果三个乘数之和是定值，那么必须三个乘数都相等，这时它们的乘积值才最大。但三个乘数和 $60 - 2x + 60 - 2x + x = 120 - 3x$，

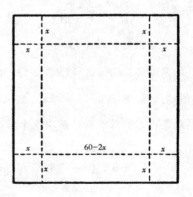

图 12-11　铁匠题目的解法示意图

这个值并不是定值，它会随着 x 的变化而变化。但只要把上式等号两边的数乘以 4 就可以使三个乘数之和为定值了：

$$4V = (60 - 2x)(60 - 2x)4x$$

乘数之和为：

$$60 - 2x + 60 - 2x + 4x = 120,$$

这个值就是一个定值了。就是说，几个乘数的乘积在它们相等时，值最大，所以

$$60 - 2x = 4x,$$

所以 $x = 10$。

这时，V 的值也最大。

也就是说，把铁皮的每一边折进去 10 厘米，制作出来的铁皮盒子容量最大。容积为 $40 \times 40 \times 10 = 160\,00$ 立方厘米。如果多折或少折一厘米，盒子的容量都会比这个数值小。的确是这样的，你可以计算看看：

$9 \times 42 \times 42 = 158\,76$ 立方厘米，$11 \times 38 \times 38 = 158\,84$ 立方厘米，这两种情况下，容量都比 $160\,00$ 立方厘米小[①]。

12.13 车工的难题

车工得到了一块圆锥形的材料，要用这块材料车出一个圆柱体，还要尽可能少地浪费材料（图 12-12）。车工在认真地思考应该车出圆柱体的形状：是做又细又高的圆柱体（图 12-13，上）还是车又粗又矮的圆柱体（图 12-13，下）？他怎么也想不出来，那么，到底车出什么形状的圆柱体，体积最大且浪费的材料最少呢？你能帮他解决这个难题吗？

---

①解答此类题目，一般情况下都要求出，在正方形铁皮宽为 a 时，要使它的容量最大，要把每一边折进去 $x = \dfrac{6}{a}$，因为在 $(a-2x) = 4x$ 时，$(a-2x)(a-2x) \times$ 或 $(a-2x)(a-2x)4x$ 的乘积最大。

图 12-13 用一个圆锥体
材料车出一个圆柱体,要想
丢弃材料最少,是车又细又
高的呢?还是车又粗又矮的

图 12-12 车工的难题

图 12-14 圆锥体
和圆柱体的轴线截面

要解出这道题就要从几何学的角度研究。如图 12-15 所示,设 ABC 为这个圆锥体通过轴线的截面,高 BD 为 h;底面半径 $AD = DC$,为 R。车出的圆柱的圆锥体截面是 $MNOP$。要使这个圆柱体体积最大,就要知道圆柱的上底和圆锥顶端 B 的距离 BE,设它为 x。

可根据以下算式得出圆柱的底面半径 r(PD 或 ME):

$$ME : AD = BE : BD,就是 r : R = x : h$$

所以 $r = \dfrac{Rx}{h}$

圆柱的高 ED 为 $h - x$,那么它的体积为:

$$V = \pi \left(\frac{Rx}{h}\right)^2 (h - x) = \pi \frac{R^2 x^2}{h^2} (h - x),$$

所以

$$\frac{Vh^2}{\pi R^2} = x^2 (h - x)。$$

235

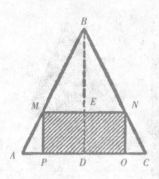

图12-15 用锯三次拼一次的方法如何接长木板

在公式 $\dfrac{Vh^2}{\pi R^2}$ 中，只有 V 为变数，其余 h、π 和 R 都是定值。那么要使 V 最大，就要找到一个使它最大的值，设这个值为 x。从公式中可以看出，V 会随着 $\dfrac{Vh^2}{\pi R^2}$ 就是 $x^2(h-x)$ 而变成最大值。那么 $x^2(h-x)$ 的值什么时候最大呢？这个算式中有三个变量的乘数 x、x 和 $(h-x)$，设这三个乘数的和为一个定值，那么在三个乘数相等时，它们的乘积值最大。

所以把公式两边分别乘以2，这样就可以把三个乘数之和变成定值了：

$$\dfrac{2Vh^2}{\pi R^2}=x^2(2h-2x)。$$

那么右边三个乘数的和为 $x+x+2h-2x=2h$。

所以当这三个乘数相等时，它们的乘积值最大：

$$x=2h-2x \text{ 即 } x=\dfrac{2h}{3}。$$

这时的 $\dfrac{2Vh^2}{\pi R^2}$ 值最大，体积 V 也最大。

也就是说，要车出的圆柱体为：应该使圆柱的上底面处在离圆锥高度（自上而下）三分之二的地方。

12.14 接长木板的技巧

当你自己动手制作一些东西时，经常会遇到手中的材料尺寸并不合适的情况。

这时就要找到改变材料尺寸的好方法，解决这个问题并不难，只要借助几何学、聪明的设计和计算就可以了。

比如：你需要一块长1米宽20厘米尺寸的木板来制作一个书架，可你的手

里却只有一块长75厘米宽30厘米的木板（图12-16）。

应该怎样做呢？

你可以按木板的纹路锯下10厘米宽的一条边（图中虚线所示），把这条木条锯成三段长为25厘米的部分，用其中两段拼接在大板上（图12-17）。

这个解题方法要锯三次，拼接两次，从操作次数上看有些麻烦，而且由于拼接多次，会不够牢固。

图 12-16 如何接长木板

请锯三次拼一次来接长木板。

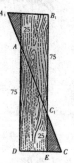
如图12-17所示，沿着木板$ABCD$的对角线AC锯开木板，把其中的一块（三角形ABC）顺着对角线平行地移开C_1E的距离，这个距离就是需要接长的长度，也就是25厘米；两个半块拼接后的总长度为1米。然后用胶沿着AC_1线粘连两个半块，再把多出来的部分（有阴影线的两个小三角形）锯掉。得到的就是需要的木板了。

由于三角形ADC和C_1EC相似，所以：

$$AD : DC = C_1E : EC,$$

那以 $EC = \dfrac{DC}{AD} \times C_1E$,

或 $EC = \dfrac{30}{75} \times 25 = 10$ 厘米,

$DE = DC - EC = 30$ 厘米 $- 10$ 厘米 $= 20$ 厘米。

图 12-17

237

12.15 哪条路线最短

这一节来研究"极大值和极小值"的问题，要解这个题目，只用简单的几何作图就能完成。

要在河的岸边建水塔，使水塔可以顺着水管向 *A*、*B* 两村供水（图 12-18）。那么要使水管通往两村的长度最短，应该把水塔建在什么地方呢？

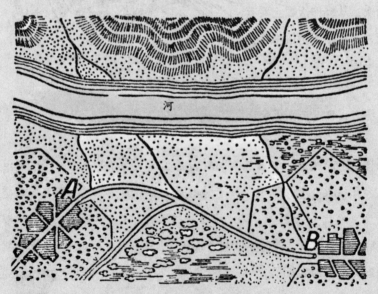

河

图 12-18 水塔的建造问题

这道题要求的是从 *A* 点到河岸后再到 *B* 点的最短路线。

如图 12-19 所示，假设要求的路线为 *ACB*，那么把图沿着 *CN* 线对折，就得到了 *B'* 点，如果 *ACB* 是最短直线，因为 *CB* = *CB'*，那么 *ACB'* 就是在所有路线中最短的路线。也就是说，要找到铺设水管的最短路线，只要找到直线 AB' 和河岸线相交的 C 点就可以了。到时把 C、B 两点连接起来，就得到两段从 A 到 C 再到 B 最短的路线了。

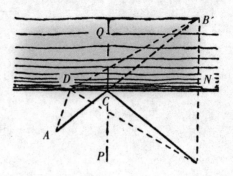

从 C 点作垂直于 CN 的线段后，可以看出，最短的两条路线和垂直线形成的 ACP 和 BCP 的两个角相等：

$$\angle ACP = \angle B'CQ = \angle BCP.$$

图 12-19 计算最短路线的几何示意图

你一定知道，镜子把光线反射回来时，光线的轨迹定律为：入射角等于反射角。所以，光线在反射的时候选择的路线为最短路线。这一特点，古希腊亚历山大城的物理学家和几何学家海伦早在两千多年前就知晓了。